자동차서비스 KPI

4차 정비사업 신성장 핵심 성과 지표

Key Performance Indicator

이래야 산다!

GoldenBell

★ **불법복사는 지적재산을 훔치는 범죄행위입니다.**
저작권법 제97조의 5(권리의 침해죄)에 따라 위반자는 5년 이하의 징역 또는 5천만원 이하의 벌금에 처하거나 이를 병과할 수 있습니다.

| 감 | 수 | 자 | 의 | 말 |

공영적인 KPI에 대하여

차를 판매한 후 안전운행을 하기 위하여 차량을 유지 관리하는 업무를 담당하는 것이 서비스 센터다. 서비스 센터는 차량을 직접 **정비**하는 부서와 정비하는데 필요한 부품을 제공하는 **부품**부서, 두 부서가 원활히 업무를 할 수 있는 **지원**부서로 구분된다.

서비스부서는 단순히 차량을 수리하고 이익을 받는 업무만이 아니라 서비스의 질이나 비용에 따른 고객의 만족에 따라 신차 판매와 중고차의 시세를 결정하는 중요한 역할을 한다. 최근 들어 더욱 중요성을 갖게 되면서 서비스 부서의 효율적이고 안정적 운영을 위하여 여러 가지 방법으로 조직을 관리한다.

단순히 생각하면 정비공장에 많은 차가 들어오고 수리를 많이 하면 되는 것인데 그러한 환경을 만들기 위해 다양한 요인들이 작용을 하면서 원하는 결과를 만든다.

정비공장의 위치, 규모 등의 하드웨어부터 정비사, 부품직원, 서비스 어드바이저의 숙련도와 전산시스템의 효율성, 마케팅 능력 등 여러 가지 복합적 요인에 의하여 변화된다. 최근에는 대규모 정비시설과 많은 직원의 고임금 등을 안고, 외부적으로는 경쟁사와 각축을 하며 내부적으로는 서비스 센터를 고효율로 운영하기 위하여 노력해야 한다. 여러 다양한 지수를 측정 관리함으로써 서비스 센터의 취약 부분을 파악하여 우선적으로 보완하는 노력을 끊임없이 하고 있는 것이다.

자동차 제조사 브랜드 별로 서로 다른 서비스 KPI정의를 사용하고 있지만 본 서적에서는 가장 많이 사용하는 공영적인 KPI를 일목요연하게 잘 정리가 되어 많은 정비사업소를 운영하는 관리자들 뿐만 아니라 대표 및 자동차를 공부하는 학생들에게도 많은 도움이 될 것이라 생각된다.

2018년 5월

前) 효성 도요타 자동차 서비스 총괄 임원 한 광 수

| 추 | 천 | 사 |

자동차산업의 미래를 위해

Friendemy(friend + enemy)라는 造語가 있다. 미국의 사회학자 Mark Granovetter 교수가 '사회연결망이론'에서 겉으로는 친하지만 내심 적이나 다름없는 관계를 일컫는다.

기술과 경영이 병존하는 산업현장에서도 진배없이 나타나는 다반사다. 여기에 아무도 일러주지 않는 KPI를 녹여냈으니 튼실한 정비산업계를 위한 낭보임엔 분명하다.

세계는 4차 산업의 쓰나미에 편승하여 화석연료 차량을 퇴조시키고 친환경자동차 개발업무에 무섭게 올인하고 있다. 작금의 차량 정비업계와 그에 소속된 기능인력의 밥줄도 고심이지만 후배들의 외면이 더욱 심각하다.

어쨌건 기계는 신이 만든 것은 아니다. 고장과 사고는 숙명처럼 달고 다닌다. 그때에는 작업 환경도 다르겠지만 절대 인력은 필요할 것이요, 내연기관도 버젓이 병존하리라 믿는다.

현재 자동차 메이커별로 나름 서비스 프로그램을 적용하고 있고, 수입차 딜러망은 신차 판매에서부터 AS에 이르기까지 각자도생하고 있다.

생뚱스레 이 시스템을 적용하기가 그리 녹록친 않을 것이다. 하지만 여기에 서술한 내용 중 자사에 맞도록 선택 조율하여 KPI를 활용한다면 합리적 운영으로 갈 수 있음을 넛지 할 수 있겠다. 기존 정비산업에 획을 긋는 기회의 골간으로 거듭나기에 충분하다고 판단되기 때문이다.

전국 모든 정비업체의 경영자와 관리자들 그리고 관련 학과에서도 잘 활용하면 반드시 사업에 도움이 될 것이라고 믿으며 대한민국의 자동차 산업의 미래를 위해 자동차를 공부하는 학생들의 교과과정에도 편성했으면 하는 바람이다.

이 책에 애정을 쏟은 만트럭버스코리아(주)의 김치현 사업소장의 집필의 열정을 치하하고 싶다. 또한 열악한 출판 시장임에도 불구하고 실리보다 명분을 앞세웠다는 (주)골든벨 대표이사께도 고마움을 표한다.

2018년 5월
한국수입자동차협회
부회장 윤 대 성

| 추 | 천 | 사 |

KPI 당위성에 대하여

그동안 자동차를 정비하면서 고객으로부터 볼멘소리를 듣게 되는 것 중에 하나가 "자동차정비 견적이 왜 이렇게 비싸?" 또는 "다른 업소보다 견적이 비싸지…"일 것이다.

하지만 정비하는 사람조차도 공임이 어디서부터 왔는지도 모르는 것이 사실이다.

이 책을 통해 공임의 기본적인 것을 숙지하면 고객에게 친절히 설명할 수 있을 것으로 기대해 본다.

또한 정비업체 대표들은 단순히 매출이 일어나면 부품지출 및 운영비를 지출한 나머지를 '영업이익'이라고 생각하는 경향이 많다. 하지만 반드시 매월 손익을 잘 따져보면 어떤 부분에서 손실이 있고 또한 어느 달에 매출이 저하되는지를 확인하여 운영 마케팅 자료로 잘 활용할 수 있다.

그리고 장르별 인트로 부분을 단박에 개념 정리할 수 있게 처리한 것은 시간이 많잖은 사람들에게 획기적인 기획이라 판단된다. 늦으나마 이제라도 좋은 책이 나왔으니 잘 숙지하여 어려운 정비환경에 쇄신의 기회가 되었으면 한다.

1. 공임 관리지수

공임을 설계하기 위해서는 필수적인 사항이며 어떻게 계산하여 공임이 설계되었는지를 알면 고객에게 쉽게 설명할 수 있을 것이다.

2. 부품 관리지수

부품은 일반 정비업소에서는 부품대리점을 통해 구매하므로 회전률, 재고율이 필요하지 않지만 타이어 대리점 등 부품을 재고로 판매하는 업소는 잘 알아둘 필요가 있다.

3. 서비스 관리지수

요즘은 고객 서비스가 만족하지 못하면 한번 방문하고 다시는 오지 않는 분위기다. SNS 발달로 불친절한 업소는 고객을 만족시킬 기회조차 박탈되는 사례를 종종 볼 수 있다. 어떻게 하면 고객 욕구에 충족할 수 있는가를 살펴보는 계기가 될 것이다.

4. 경영지원 관리지수

매출이 많고 영업이익이 많다고 할지라고 주먹구구식으로 경영한다면 소위 앞으로 남고 뒤로 밑진다는 말이 나오는 것처럼 매출과 영업이익을 어떻게 관리하는지를 잘 안내하고 있다.

5. 영업판매 관리지수

차량판매 시 광고비 등 제반 판매지수들을 살핀 다음, 판매비율에 따른 목표달성까지 따져본다. 신차뿐만 아니라 중고차까지도 이 책은 제시하고 있다.

2018년 5월
오산대학교 자동차과
공학박사 문 학 훈

| 머 | 리 | 말 |

자동차서비스 KPI, 이래야 산다!

1885년 독일의 칼 벤츠가 최초의 가솔린 자동차를 만든 지 130여년이 흘렀다. 최초의 자동차 발명은 관련된 여러 가지 산업을 동시에 발전하게 되는 계기가 되었으며 자동차 애프터마켓의 정비사업소 또한 예외는 아니었다.

유럽이 130여 년의 자동차 문화를 갖고 있다면 국내는 어떠한가? 비록 유럽에서 최초의 가솔린 자동차를 만들 때 국내에서는 달구지를 사용했겠지만, 지금은 글로벌하게 대한민국의 자동차 브랜드들이 세계의 유수한 브랜드들과 어깨를 나란히 하고 있음에 너무나 자랑스럽다.

하지만 문화라는 것이 하루아침에 만들어지지는 않는다는 것을 이번 **'자동차 서비스 KPI'**라는 주제로 책을 쓰면서 또 한 번 느끼게 되었다.

서비스 KPI라는 주제로 책을 쓰기로 마음먹고 나서 국내 자료를 정리하다 보니 아직 국내에서는 관련 내용으로 된 책하나 출간된 것이 없다는 사실을 알게 되었고 50여 년 밖에 되지 않은 국내의 자동차 문화역사와 130여 년 된 유럽의 자동차 문화에는 차이가 있음을 실감하였다.

자동차 제조업의 선배들이 그러했듯이, 나도 이러한 차이를 조금이나마 극복하고자 필자의 25여년의 자동차 정비사업소 경험과 국내 및 해외 자동차 브랜드의 다양한 KPI관련 내용을 정리하였다.

본 서적의 정보를 공유함으로써 국내 자동차인 들에게는 자부심과 빠른 성장을 할 수 있는 도구가 되고 후배들에게는 향후 자동차 정비산업의 밑거름이 되기를 기대하며 앞으로 단단한 정비경영관리 관련한 서적들이 지속적으로 출간되기를 기대해 본다.

이 책을 쓰게 된 또 다른 동기가 된 'The KPI book' 라는 책을 본인에게 소개해준 수입차 경영컨설팅의 박선희 대표님께 진심으로 감사드리며 책의 전반적인 방향을 특정 브랜드에 치우치지 않도록 지도해주신 한광수 전 효성도요타 총괄 서비스 임원님과 예비 정비경영자의 입장에서 용어와 내용의 난이도를 리뷰해준 같은 직장의 석영찬 대리에게도 고마움을 전한다.

마지막으로 항상 물신 양면으로 저의 생각과 의지를 지원해주신 30년 동안 국내 유일 '자동차전문 출판'만을 고집해온 (주)골든벨의 김길현 대표님께도 감사의 말씀을 표한다.

2018년 5월

김 치 현

- 감수자의 말
- 추천사
- 머리말

CHAPTER 01 공임 관리지수 30가지

A. 공임 시간 개념 illus. Summary

01 공임 손익계산서 구조 ─── 4
02 근무시간 Attended hours ─── 5
03 실 근무시간 Net Attendance hours ─── 6
04 구매시간 Bought hours ─── 7
05 작업시간 Worked hours ─── 8
06 유휴시간 Idle Times ─── 9
07 판매시간 Sold hour QR code 01 ─── 10
08 월간 정비사당 판매시간 Sold hours per mechanic per month ─── 11

B. 공임 생산성 산출 illus. Summary

09 가동률 Utilization ─── 14
10 작업효율 Efficiency ─── 16
11 생산성 Productivity QR code 02 ─── 18
12 출근율 Attendance rate ─── 20
13 연간 성과율 Annual performance rate ─── 21

C. 공임 손익계산서 항목 illus. Summary

14 공임 부서 비용률 Labor Department Expenses % ─── 24
15 공임 원가 Labor Cost ─── 25
16 공임 원가율 Labor costs % ─── 26
17 공임 매출 이익 Labor Sales Profit ─── 27
18 공임 매출 이익률 Labor Sales Profit % ─── 28
19 외주 마진 Sublet margin ─── 29
20 외주 마진율 Sublet margin % ─── 30
21 공임 영업 이익 Labor operation profit ─── 31
22 공임 영업 이익률 Labor operation profit % QR code 03 ─── 32

D. 미수금 관리의 중요성 illus. Summary

23. 공임매출 Mix (작업유형별) — 36
24. 시간당 공임 Hourly rate — 38
25. 진행중인 작업 Work in Progress QR code 04 — 39

E. 공임매출 비교 분석(목표대비) illus. Summary

26. 공임매출 비교(1) 목표대비 달성률 — 42
27. 공임매출 비교(2) 월별 추이 — 43
28. 공임매출 비교(3) 전년 월평균, 올해 월평균 — 44
29. 가동율 / 작업효율 / 생산성 비교(1) 월별 추이 — 46
30. 가동율 / 작업효율 / 생산성 비교(2) 전년월평균, 올해 월평균 — 47

족집게 특강 I 가동률을 높이는 Action plan — 48

CHAPTER 02 부품 관리지수 20가지

F. 부품 회전율 개념 illus. Summary

31. 부품 손익계산서 구조 — 56
32. 부품 가용률 Parts Availability — 57
33. 부품 정기 오더율 Parts stock % — 58
34. 부품 회전율(1) 총 구매액 기준 — 60
35. 부품 회전율(2) 실 구매액 기준 — 61
36. 부품 회전율(3) 판매 기준 QR code 05 — 62

G. 부품 원가의 개념 illus. Summary

37. 부품 부서 비용률 Parts Department Expenses % — 66
38. 부품 원가 Parts Cost of sales — 67
39. 부품 마진 Parts margin QR code 06 — 68
40. 부품 마진율 Parts margin % — 69
41. 부품 영업이익 Parts operation profit — 70
42. 부품 영업이익률 Parts operation profit % — 71

H. 부품 장기 재고 illus. Summary

43. 부품매출 Mix(판매 채널별) —————————————— 74
44. 월간 부품담당자당 부품판매매출 Sales revenues per employee/month — 75
45. 부품 재고액 Parts Stock value —————————————— 76
46. 장기 재고 Obsolete Stock QR code 07 —————————— 77
47. 부품 재고조정 Parts Stock Adjustments —————————— 78

I. 부품매출 비교 분석(월별추이) illus. Summary

48. 부품매출 비교(1) 목표대비 달성률 ———————————— 82
49. 부품매출 비교(2) 월별추이 ————————————————— 83
50. 부품매출 비교(3) 전년월평균, 올해 월평균 ———————— 84

족집게 특강 ❷ 작업효율을 높이는 Action plan ———— 86

CHAPTER 03 서비스 관리지수 20가지

J. 정비사당 처리대수 illus. Summary

51. 서비스 손익계산서 구조 ——————————————————— 94
52. 직접인력 비율 Direct vs. Indirect —————————————— 95
53. 정비사당 서비스 매출 ——————————————————— 96
54. 정비사당 처리대수 QR code 08 ——————————————— 98
55. 정비사당 잔업시간 ————————————————————— 100

K. 서비스 수익률(ROS) illus. Summary

56. 서비스 영업이익률 Service ROS % ————————————— 104
57. 고객만족도 점수 QR code 09 ———————————————— 105
58. 재 수리율 Rework ratio % —————————————————— 106
59. 서비스 운영절차 수행률 —————————————————— 107
60. 시간당 공임 회수율 Recovery Labor Rate —————————— 108
61. 공임시간당 부품매출 Parts Sales per Labor hour ————— 109
62. 채권 회수기간 Debtor days ————————————————— 110
63. 차량 총 등록대수 Vehicle Parc ——————————————— 111

L. 서비스 매출 Mix illus. Summary

- 64. 서비스 매출 Mix(1) 공임/부품 QR code 10 ——— 114
- 65. 서비스 매출 Mix(2) 작업유형별 ——— 115
- 66. 서비스 매출 Mix(3) 내부/외부 ——— 116
- 67. 차량당 매출액 (객단가) ——— 117

M. 서비스 매출 비교 분석(월 평균 대비) illus. Summary

- 68. 서비스 매출 비교(1) 목표대비 달성률 ——— 122
- 69. 서비스 매출 비교(2) 월별추이 ——— 123
- 70. 서비스 매출 비교(3) 전년월평균, 올해 월평균 ——— 124

 족집게 특강 Ⅲ   업 셀링을 위한 서비스 마케팅 액션 플랜 126

CHAPTER 04 경영지원 관리지수 15가지

N. 경영지원 기본 개념(손익분기점) illus. Summary

- 71. 총자산 Asset ——— 134
- 72. 투하 자금 Funds Employed ——— 135
- 73. 손익분기점 Break Even Point, BEP ——— 136
- 74. 매출 대비 이자율 Interest % ——— 137
- 75. 고정자산 비율 Fixed Asset % ——— 138

O. 회사의 수익성 illus. Summary

- 76. 투자 수익률 Return on Investment %, R.O.I. ——— 142
- 77. 투하자금 회전율 Circulation of Funds Employed, C.O.F.E ——— 143
- 78. 매출액 이익률 Return on Sales %, R.O.S ——— 144

P. 회사의 안정성(유동비율) illus. Summary

- 79. 유동 비율 Current % ——— 148
- 80. 자기 자본 비율 Equity % ——— 149
- 81. 채권대비 채무 비율 Debtor Creditor % ——— 150

Q. 회사의 생산성 illus. Summary

82. 부가가치율 —————————————————————— 154
83. 노동 생산성 —————————————————————— 155
84. 노동 분배율 —————————————————————— 156
85. 총자본 생산성 ————————————————————— 157

족집게 특강 Ⅳ 손익계산서와 대차대조표 이해하기 —— 158

CHAPTER 05 영업판매 관리지수 15가지

R. 차량판매 기본 개념 illus. Summary

86. 전형적인 차량판매 영업부서 구조 ——————————— 168
87. 판매된 차량 대당 광고비 Advertising Cost per Unit Sold —— 169
88. 영업수수료율 Sales Commissions % ————————————— 170
89. 금융 프로그램 보급률 Finance Penetration ——————————— 171
90. 대당 금융 프로그램 수입 수수료 Finance Commission per Unit —— 172

S. 신차 판매 illus. Summary

91. 연간 환산된 판매대수 Annualized Sales ——————————— 176
92. 영업사원당 연간 환산된 판매대수 Annualized Sales per salesman — 177
93. 평균 판매가 Average Selling Price ————————————— 178
94. 중고차 대비 신차 판매비율 New : Used Retail % ——————— 179
95. 목표 달성률 Target % ————————————————— 180

T. 중고차 판매 illus. Summary

96. 재고 회전율 Stock Turn ————————————————— 184
97. 보급일수_중고차 Days Supply —————————————— 185
98. 대당 재정비 비용 Reconditioning Cost ———————————— 186
99. 도매 대비 소매 중고차 판매 비율 Retail : Trade Used % ——— 187
100. 대당 굿-윌 비용 Good-will costs ————————————— 188

족집게 특강 Ⅴ 서비스 경영계획 작성하기 ——————— 189

별 첨

#1. 서비스관리자 체크리스트(일간, 주간, 월간) ——— 197

#2. 정비사업소 직무의 정의 ——— 200

- 주요 용어 찾아보기 / 211
- 참고문헌 / 214

CHAPTER 01

공임 관리지수 30가지

이것만이라도 꼭 알아두자 !!

1 판매시간 = 표준작업 시간

2 생산성 = $\dfrac{\text{정비 판매시간(Sold hours)}}{\text{정비사 실제 근무시간(Net Attendance hours)}} \times 100$

3 공임 영업이익율 = $\dfrac{\text{공임 매출이익(Labor Sales Profit)} - \text{공임비용(Labor expenses)}}{\text{공임매출(Labor Sales)}} \times 100$

4 진행중인 작업 = 진행중인 작업 건수, 진행중인 작업 금액

5 공임매출비교(1) 목표대비 달성률 = $\dfrac{\text{공임매출}}{\text{공임목표}} \times 100$

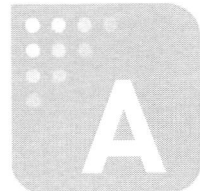

공임시간 개념

근무시간(Attended hours)

| 정상근무시간 | 휴가 | 교육 | 잔업 |

구매시간(Bought hours)

실근무시간(Net Attendance hours)

| 정상근무시간 | 잔업 |

작업시간(Clocking hour) | 유휴시간 |

판매시간(Sold hour)

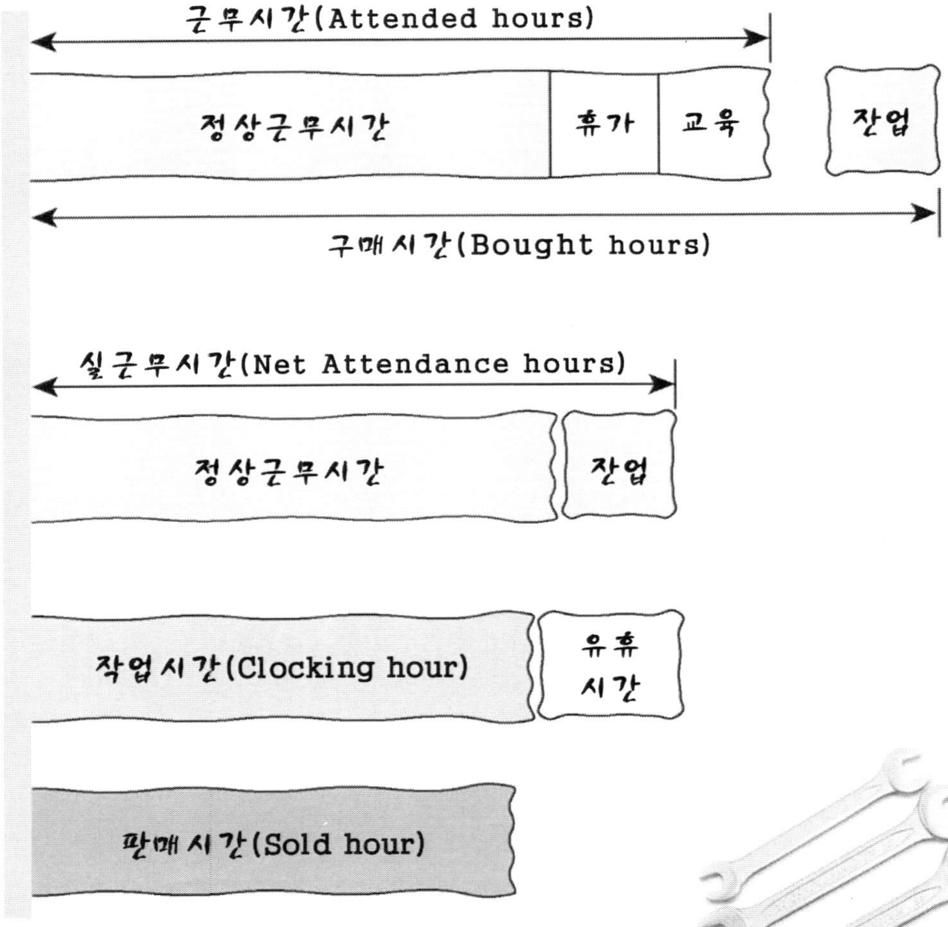

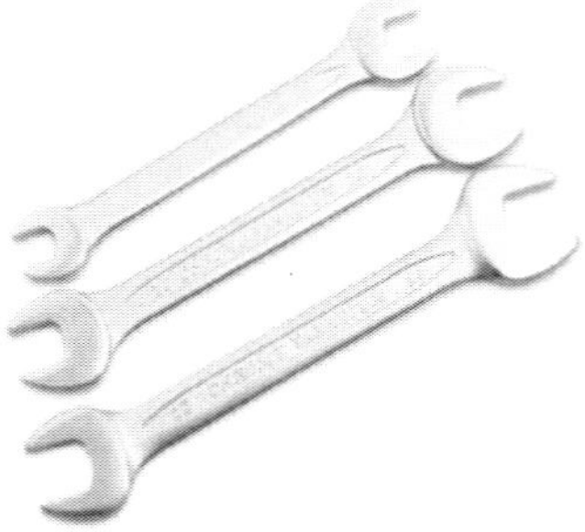

정비공장의 성공여부는 시간관리

01 공임부서 손익계산서 구조

국내에서는 공임부서라는 말보다는 **서비스부서**라고 이야기 하며 부품부서는 서비스부서에 포함되어 있는 경우도 있고 별도의 **부품부서**로 운영하는 경우도 있다. 여기서는 편의상 공임부서와 부품부서로 구분하여 설명하고자 하며 우선 공임부서의 손익계산서의 구조를 보면 아래와 같다.

참고적으로 정비사업소의 매출은 크게 **부품매출, 공임매출, 외주매출**로 구분되며 여기서는 공임매출에 대해서 언급하고자 한다.

① 공임 매출

② 공임 원가 — 브랜드에 따라서는 공임원가를 산정하지 않는 경우도 있다.

③ 공임 매출이익 — 공임매출 − 공임원가

④ 외주매출(견인, 유리 등)

⑤ 외주 원가

⑥ 공임 총 매출 이익 — 공임매출이익 + 외주매출 − 외주원가

⑦ 공임 비용 — 변동비 + 고정비

⑧ 공임 영업이익 — 공임 총 매출이익 − 비용

02 근무시간 Attended hours

이 관리지수는 공임 관련된 시간을 계산하는 가장 기본이 된 시간이라고 볼 수 있다. 보통은 1개월을 기준으로 한 사업소에서 근무하는 직접인력(정비사)이 근무할 수 있는 시간의 총 합으로 나타낸다. 정비사가 실제로 근무한 시간 및 회사가 정비사로부터 구매한 시간과는 차이가 있다.

정 의	정비사들이 일을 할 수 있는 총 시간
산출식	근무가능일 × 8시간 / 일 × 정비사 인원수
권장수치	별도의 회사기준에 따른다.

Tip - 용어해설

뒷부분에서 계속 설명하겠지만 여기서는 간단하게 용어정의 및 시간을 계산(보통은 모든 정비사를 대상으로 계산하지만 여기서는 1명, 1달을 기준으로 설명) 하면 아래와 같다.

- **근무 시간** : 평일 근무시간
  (예) 8시간 × 20일 = **160시간**
- **실 근무 시간** : 실제로 근무한 시간(잔업시간 포함, 교육 및 휴가 제외)
  (예) 8시간 × 20일 + 10 시간 잔업 - 8시간 교육 - 8시간 휴가
  = 160 + 10 - 8 - 8 = **154시간**
- **구매 시간** : 정비사가 근무하는데 지급된 모든 시간 (근무시간 + 잔업시간)
  (예) 160시간 + 10시간 = **170시간**
- **작업시간** : 정비에 소요된 시간(Clocking을 통하여 산출) = **150시간**
- **판매 시간** : 고객에게 청구된 시간 = **100시간**

사례 1

서울사업소의 정비사는 10명이며 한 달 동안 일할 수 있는 평일 수는 20일이며 평일 중에 하루는 국경일로 회사에 출근하지 않는 경우에 총 근무시간은 몇 시간인가?

풀이 □총 근무시간 = 정비사수 × 평일 근무일수 × 8시간/일
= 10명 × (20일 - 1일) × 8시간/일 = 1,520 시간

[정답] **1,520시간**

03 실 근무시간 Net Attended hours

이 관리지수는 정비사가 실제로 정비현장에서 근무한 시간을 나타내며 가동률, 작업효율, 생산성을 계산하는 기본 관리지수(KPI)이다.

정 의	정비사들이 정비현장에서 실제 근무하는 시간 (휴가 및 교육시간은 공제하고 잔업시간은 추가한다)
산출식	근무시간 + 잔업시간 − (휴가시간+교육시간)
권장수치	별도의 회사기준에 따른다.

사례 1

서울사업소의 정비사는 10명이며 한 달 동안 일할 수 있는 평일 수는 20일이며 평일 중에 하루는 국경일로 회사에 출근하지 않았으며 A정비사는 3일 연차휴가를 사용했으며 B 정비사는 외부 기술교육으로 5일간 출근을 못하였으며 추가로 잔업은 토요일 포함하여 총 100시간이 발생하였을 경우, 실제 근무한 시간 (Net Attendance hour)은 몇 시간인가?

풀이 ▫ 실제 근무한 시간
= 정비사수 × 평일 근무일수 × 8시간/일 + 잔업시간 − 교육시간 − 휴가시간
= 10명 × (20일 −1일) × 8시간/일 + 100시간 − (5일×8시간×1명) − (3일×8시간×1명)
= 1,520 시간 +100시간 − 40시간 −24시간
= 1,556시간

[정답] 1,556시간

 **구매 시간** Bought hours

이 관리지수는 개념이 낯설기는 하지만 유용한 개념으로 정비사의 8시간을 회사가 구매한 것으로 인식하고 또한 이렇게 구매한 8시간을 통해서 고객에게 청구하여 판매시간을 산출하게 되는 것이다. 실제로 구매시간을 통하여 가동률, 작업효율, 생산성이 산출되지는 않지만 출근율을 계산하는 기본요소로서 연간 성과율을 산출할 때 활용된다.

정 의	정비사들의 근무를 위해서 지급된 임금에 해당하는 시간 (잔업시간은 추가한다)
산출식	근무시간 + 잔업시간
권장수치	별도의 회사기준에 따른다.

사례 1

서울사업소의 정비사는 10명이며 한달 동안 일할 수 있는 평일 수는 20일이며 평일 중에 하루는 국경일로 회사에 출근하지 않았으며 추가로 잔업은 토요일 포함하여 총 100시간이 발생하였을 경우, 구매시간(Bought hour)은 몇 시간인가?

풀이 구매시간 = 정비사수 × 평일 근무일수 × 8시간/일 + 잔업시간
 = 10명 × (20일 −1일) × 8시간/일 + 100시간
 = 1,520 시간 +100시간
 = 1,620시간

[정답] 1,620시간

05 작업시간 Worked Hours

이 관리지수는 작업에 소요된 시간(Taken hour) 또는 클락 온/오프를 하는 **클라킹 시간**(Clocking hour)이라고도 하며 가동률, 작업효율을 산정하는 중요한 관리지수이다.

정 의	정비사가 작업을 수행하는데 소요된 시간
산출식	1) 잔업이 발생하지 않는 경우 : 근무시간 − 유휴시간 2) 잔업이 발생하는 경우 : (근무시간 + 잔업시간) − 유휴시간
권장수치	별도의 회사기준에 따른다.

● 클라킹 시간(Clocking hour)
정비사가 차량을 배정받고 시작시간(clock on)을 기록하고 점검 및 정비 후 검사가 끝나고 나서 종료시간(clock off)을 기록한다. 과거에는 종이에 기록을 하였으나 최근에는 대부분 컴퓨터 시스템을 활용한다.

사례 1

서울사업소의 정비사는 10명이며 한 달 동안 일할 수 있는 평일 수는 20일이며 잔업은 100시간 발생하였다. 또한 업무시간 중에 차량이 입고하지 않아서 클라킹 하지 않은 유휴시간이 총 200시간 일 경우 작업시간(clocking hour, taken hour, worked hour)은 몇 시간인가?

풀이 작업시간 = 정비사수 × 평일 근무일수 × 8시간/일 + 잔업시간 − 유휴시간
    = 10명 × 20일 × 8시간/일 + 100시간 − 200시간
    = 1,600시간 + 100시간 − 200시간
    = 1,500시간

[정답] 1,500시간

유휴시간 Idle Times

이 관리지수는 정비사가 작업장에 근무를 하고는 있지만 실제로 작업에는 투여되지 않은 시간을 말한다. **전용된 시간**(Diverted hour) 또는 **손실시간**(Loss hour)이라고도 한다.

정 의	정비사가 작업을 수행하지 않는 시간
산출식	1) 잔업이 발생하지 않는 경우 : 근무시간 − 작업시간 2) 잔업이 발생하는 경우 : (근무시간 + 잔업시간) − 작업시간
권장수치	별도의 회사기준에 따른다.

사례 1

서울사업소의 1달 동안 총 근무시간은 1,500시간 이었으며 실제 작업에 투여된 시간은 1,200시간인 경우 유휴시간은 얼마인가?

풀이
- 총 근무시간 : 1,500시간
- 실 근무시간 : 1,200시간
- 유휴시간 = 총 근무시간 − 실근무시간
  = 1,500시간 − 1,200시간
  = 300시간

[정답] 300시간

07 판매시간 Sold hour

이 관리지수는 고객에게 청구된 시간으로 가동률, 작업효율, 생산성을 산출하는 중요한 관리지수이다. 대부분의 차량 제조 브랜드에서는 작업 종류에 따라서 정해진 표준작업시간이 있으며 이러한 작업 별 표준작업시간에 각 사업소에서 사전에 정해진 시간당 공임을 곱하여 고객에게 청구되는 총 공임금액이 산출된다.

이러한 판매시간은 공임판매금액(시간당 공임 및 청구금액에 영향을 받음) 보다는 좀 더 객관적으로 수치로 나타나며 주로 월별로 추이를 지속적으로 관찰하고 유지한다.

정 의	고객에게 청구되는 시간
산출식	표준작업 시간
권장수치	별도의 회사기준에 따른다.

▲ 월별 판매시간 추이

월간 정비사당 판매시간
Sold hours per mechanic per month

이 관리지수는 정비사별로 고객에게 청구 되어지는 공임판매시간을 관리함으로써 정비시간의 공임판매역량을 확인하고 종합적으로 공임판매금액을 높이기 위한 현재의 위치를 파악할 수 있는 관리지수이다.

정 의	정비사당 고객에게 청구한 판매시간
산출식	$\dfrac{\text{총 정비 판매시간(Total Sold hours)}}{\text{정비사 인원수 (The number of mechanics)}}$
권장수치	$\geq 130h$

- **정비 인원수**(The number of mechanics)
- 정비사업소에 소속 되어 정비업무를 하는 정비사의 총 인원수
- 판금, 도장인원이 있는 경우에는 브랜드에 따라서는 정비사만 산출하는 경우도 있고 모두 포함하여 정비사 인원수를 산출하기도 한다.

사례 1

서울사업소의 1개월간 총 정비 판매시간이 1,200시간이고 정비사가 12명인 경우에 정비사당 정비판매시간은 얼마인가?

풀이
- 총 정비 판매 시간 : 1,200시간
- 정비사 수 : 12명
- 정비사당 정비판매시간 = 총 정비 판매시간 / 정비사 인원수
  = 1,200시간 / 12명
  = 100시간 / 명

[정답] 100시간 / 명

B 공임 생산성 산출

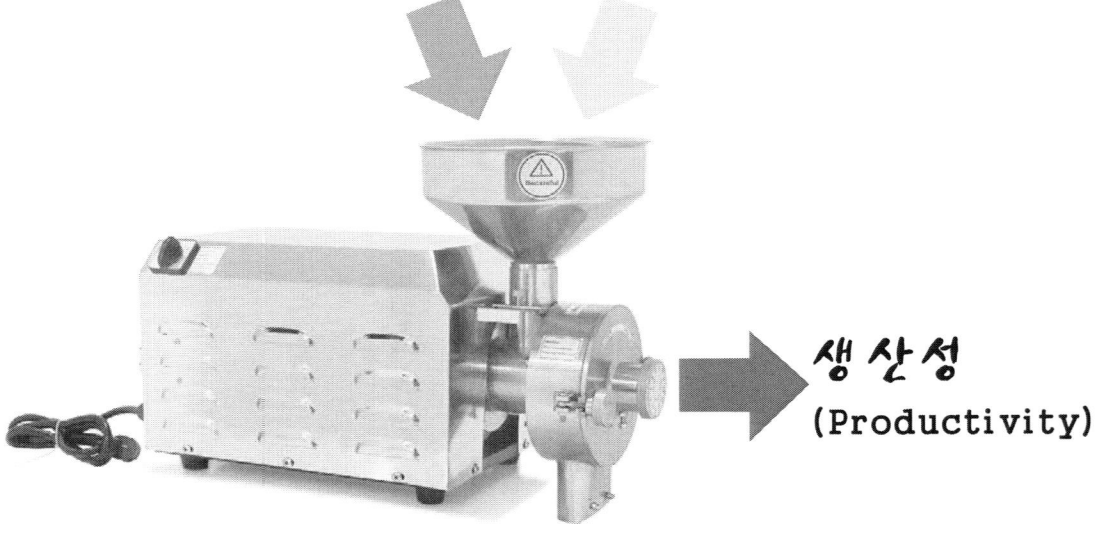

$$생산성 = \frac{판매시간 \text{(Sold hours)}}{실\ 근무시간 \text{(Net Attendance hours)}} \times 100$$

최종목표는 판매시간을 높이는 것

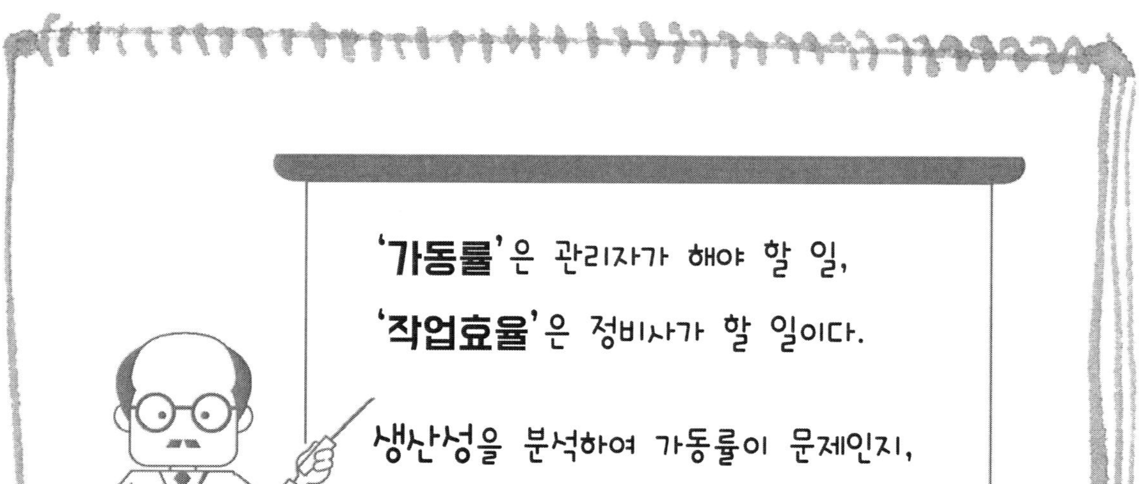

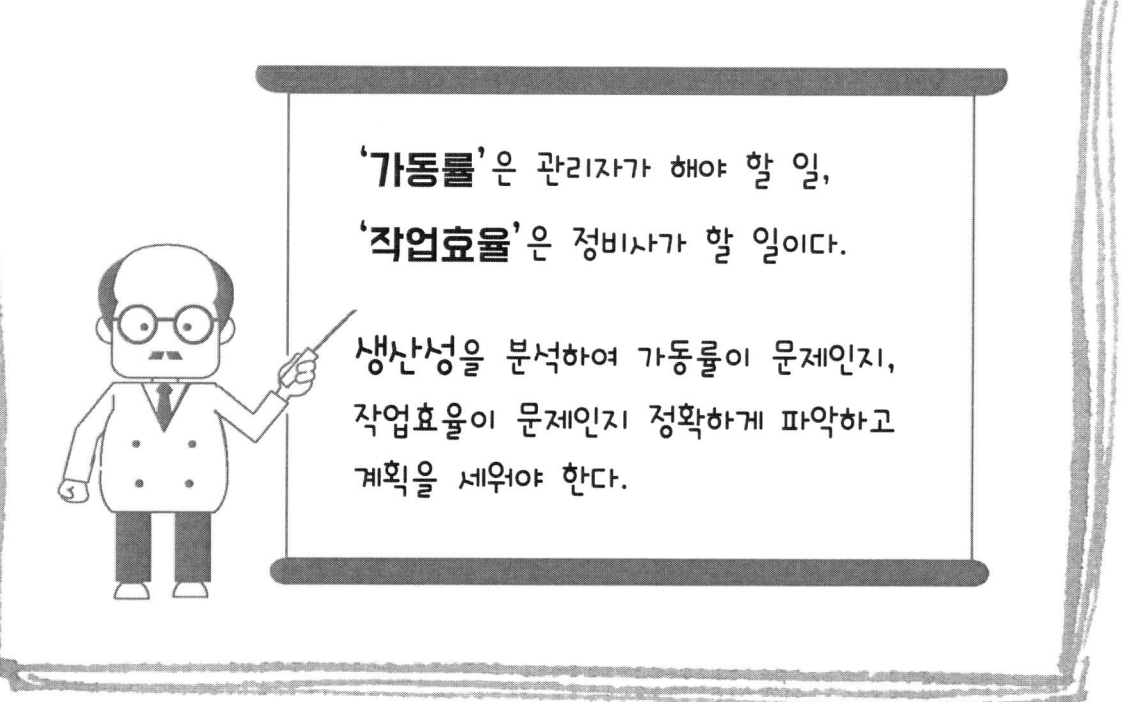

가동률 Utilization

이 관리지수는 활용성(Utilization), 공임 활용성(Labor Utilization), 판매효율(Selling Efficiency)로도 알려져 있으며 작업효율, 생산성과 더불어 정비현장 관리의 가장 중요한 3대 관리지수 중의 하나이다.

정 의	정비사들이 실제 근무시간 중에 어느 정도를 생산적으로 사용했는지를 측정하는 관리지수
산출식	$\dfrac{\text{정비에 소요된 시간 (Productive hour)}}{\text{정비사 실제 근무시간 (Net Attendance hours)}} \times 100$
권장수치	$\geqq 90\%$

- **정비에 소요되는 시간**(Productive hours, Taken hours, clocking hours, working hours)
  - 정비작업들을 시작하는 시간부터 끝나는 시간까지의 총 합산 시간
- 작업장에서는 전산 시스템을 통하여 **클라킹**이라는 용어를 사용하여 작업시간을 측정하며 작업시작은 **클락 인**(clocking in), 끝 시간은 **클락 아웃**(clocking out)을 한다.
- 정비사가 작업시작 후에 진단시간, 부품문의시간, 시운전 시간, 실 작업시간 등 모든 작업 중에 발생한 시간이 모두 포함된다.

- **정비 실제 근무시간**(Net Attendance hours, Total time worked)
- 한 달 중에 정비사들이 실제로 작업장에 투여된 시간들의 총 합산 시간
- 하루 8시간 및 평일 잔업시간의 합을 기본으로 잔업시간을 추가하고 휴가 및 외부교육을 제외한 시간을 산출해야 한다. 즉 정비사가 실제 작업장에서 일 할 수 있는 시간이다.

사례 1

서울사업소의 한 달 동안 정비에 소요된 시간은 1,600시간이며 정비사 실제 근무시간은 2,000시간일 경우 이 사업소의 가동률은 몇 % 인가?

풀이
- 실제 정비에 소요된 시간 : 1,600 시간
- 정비사 실제 근무시간 : 2,000시간
- 가동률 = 정비에 소요된 시간 / 정비사 실제근무시간 × 100
  = 1,600/2,000 × 100 = **62.5%**

[정답] 62.5%

사례 2

서울사업소의 정비사는 12명, 한 달 동안 일해야 하는 평일 수는 20일, 정비사 A는 1일 휴가를 사용하고, 정비사 B는 외부교육 2일 참여했으며, 한 달 동안 잔업은 총 124시간이 발생하였다. 이때 실제 정비에 소요된 시간은 1,600시간일 경우 이 사업소의 가동률은 몇 % 인가?

풀이
- 실제 정비에 소요된 시간 : 1,600 시간
- 작업에 투여된 시간
  = (총 정비사수×일 근무시간×일수)+(잔업시간)−(휴가시간)−(외부교육시간)
  = 12명×8시간/일×20일+(124시간)−(1명×1일×8시간)−(1명×2일×8시간)
  = 2,020시간
- 가동률
  = 정비에 소요된 시간 / 정비사 실제근무시간 × 100
  = 1,600 / 2020 × 100
  = 79%

[정답] 79%

Upgrade 성공하는 서비스관리자가 되기 위한 꿀팁!

가동률을 아는 것은 쉽게 이해하자면 지속적으로 정비사업소를 차량을 아침부터 저녁까지 수리하는 차량으로 꽉 채워야 하는 것이다. 이는 크게 보면 정비사업소의 정비사들과 서비스관리자들의 역할을 구분해 보면, 서비스관리자들이 해야 하는 것이다.

만약 가동률이 정비사업소에서 정해 놓은 목표보다 낮다면, 서비스관리자들은 어떻게 하면 수리차량을 정비사업소로 불러들일 수 있을지에 대한 지속적인 방법을 강구하여야 한다. 파리 날리는 가게보다는 북적북적대는 가게가 당연히 미래에 대한 발전가능성과 그 안에 소속되어 있는 구성원들에게 좀 더 행복한 생활을 유지시켜 주기 때문이다.

가동률과 연관된 KPI는 입고차량 예약률 및 노-쇼(No-Show)율이며 가능하면 정비사업소 내에 온종일 차량이 배정될 수 있게 사전 조율하는 것이며 예약 성공률을 높이기 위해 안내 전화를 해야 할 의무가 있는 것이다.

10 작업효율 Efficiency

이 관리지수는 생산효율(Productive Efficiency)로도 알려져 있으며 가동률, 생산성과 더불어 정비현장 관리의 가장 중요한 3대 관리지수 중의 하나이다. 자동차 브랜드에 따라서는 작업효율을 생산성이라고 정의함으로 인하여 혼동이 있기는 하지만 여기서는 작업효율로 통일하여 설명하고자 한다.

정 의	정비사들이 정비에 소요되는 시간 대비 고객에게 청구된 시간을 나타내는 관리지수이다.
산출식	$\dfrac{\text{정비 판매시간 (Sold hours)}}{\text{정비에 소요된 시간 (Productive hour)}} \times 100$
권장수치	$\geq 110\%$

- **판매시간 (Sold hours, Labor Time Standard hours)**
  □ 표준작업시간에 근거하여 고객에게 청구된 시간
  □ 브랜드 별로 각각의 정비작업에 부여된 기준시간을 근거로 고객에게 청구되며 이때 고객에게 청구된 공임시간의 총합계를 총 판매시간으로 산출한다.
  □ 작업별 판매시간은 차종별, 브랜드별 다르지만 동일 조건에서는 항상 동일해야 한다.

사례 1

서울사업소의 1개월간 정비 판매시간은 1,600시간이며 이때 실제 정비에 소요된 시간은 1,500 시간인 경우 작업효율은 몇 % 인가?

풀이
□ 정비 판매시간 : 1,600시간
□ 정비에 소요된 시간 : 1,500 시간
□ 작업효율 = 정비판매시간 / 정비 소요시간 × 100
         = 1,600 / 1,500 × 100
         = 107%

[정답] 107%

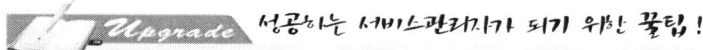 성공하는 서비스관리자가 되기 위한 꿀팁!

작업효율은 순전히 정비사의 역량이라 할 수 있다. 정해진 작업을 얼마나 빨리 수행하느냐에 따라서 작업효율이 결정되기 때문이다. 물론 정비현장에서 작업한 내용을 혹시라도 접수처의 어드바이저가 누락하게 되는 경우가 발생할 수도 있지만, 정비효율만 본다면 분명히 정비사의 숙련도 및 완성도에 달려 있으며 이러한 정비효율을 높이기 위해서는 서비스관리자의 입장에서는 정비사들의 기술교육 및 기타 활동 등을 통하여 지속적으로 향상시켜야 하는 것이다.

또한, 작업의 종류에 따라 적절한 정비사를 선정하는 것이 중요하다. 어려운 일은 숙련기술자에게 배정하고 단순작업은 초보에게 배정하는 노하우들이 작업효율을 올리는 요소인 것이다.

물론 이러한 작업효율은 정비사간의 우열을 가르는 구체적인 관리지수가 될 수 있다. 하지만 100% 작업효율만을 갖고 측정하기에는 한계가 있는 것이, 실제 정비현장에서는 작업효율이 높은 메인터넌스 작업뿐 아니라 작업효율이 상당히 낮은 소음, 진동 등의 작업들이 발생하기 때문에 정비사가 작업효율 때문에 이러한 작업들을 기피하는 현상이 발생할 수 있기 때문이다.

그러므로 필자는 기본적으로 작업효율을 통하여 정비사간의 경쟁 및 동반 상향을 추구하되, 보완적으로 소음, 진동의 고객 불만 해결을 통한 2차적인 기여도를 정비사 개인평가에 보완하기를 권한다.

11 생산성 Productivity

이 관리지수는 전반적 효율(Overall Efficiency)로도 알려져 있으며 **가동률**, **작업효율**과 더불어 정비현장 관리의 가장 중요한 **3대 관리지수** 중의 하나이다. 앞에서 정의한 가동률과 작업효율의 곱이 결국 생산성으로 나타나며 궁극적으로 정비현장에서는 여러 가지 활동들은 생산성을 높이기 위한 것이다.

정 의	정비사들이 실제 근무하는 시간 대비하여 고객에게 청구된 시간을 나타내는 관리지수
산출식	가동률 × 작업효율

$$= \frac{\text{정비에 소요된 시간}}{\text{정비사 실제 근무시간}} \times \frac{\text{정비 판매 시간}}{\text{정비에 소요된 시간}} \times 100$$

$$= \frac{\text{정비 판매시간 (Sold hours)}}{\text{정비사 실제 근무시간 (Net Attendance hours)}} \times 100$$

권장수치	≥ 100%

사례 1

서울사업소의 1개월간 정비 판매시간은 1,700시간이며 이때 정비사 실제 근무시간은 2,000시간일 때 생산성은 몇 % 인가?

풀이
- 정비 판매시간 : 1,700시간
- 정비사 실제 근무시간 : 2,000 시간
- 생산성 = 정비판매시간 / 정비사 실제 근무시간 × 100
  = 1,700 / 2,000 × 100
  = 85%

[정답] 85%

사례 2

서울사업소의 정비사는 12명, 한 달 동안 일해야 하는 평일 수는 20일, 정비사 A는 1일 휴가를 사용하고, 정비사 B는 외부교육 2일 참여했으며, 한 달 동안 잔업은 총 124시간이 발생하였다. 이때 판매시간은 1,000시간일 경우 이 사업소의 가동률은 몇 % 인가?

풀이
- 정비 판매시간 : 1,000 시간
- 정비사 근무시간
 = (총 정비사수×일 근무시간×일수) + (잔업시간) − (휴가시간) − (외부교육시간)
 = 12명 × 8시간/일 × 20일 +(124시간) − (1명×1일×8시간) − (1명×2일×8시간)
 = 2,020시간

- 생산성 = 정비 판매 시간 / 정비사 실제근무시간 × 100
 = 1,000/2020 × 100 = 50%

[정답] 50%

Upgrade 성공하는 서비스관리자가 되기 위한 꿀팁!

정비현장에서 생산성이 낮을 경우 서비스관리자가 혼동하는 것이 있는데, 과연 정비차량을 입고시키기 위한 서비스 마케팅이 부족한 것인지, 아니면 정비사들의 정비역량이 부족한 것인지를 정확하게 파악하지 않으면 지속적인 오류를 범하게 된다. 그럼으로 단순히 생산성의 수치를 갖고 판단할 것이 아니라, 생산성을 좀 더 분석하여 가동률의 문제인지, 작업효율의 문제인지를 정확하게 파악하고 거기에 따른 계획을 세워야 하는 것이다.

정비사들의 정비역량은 뛰어난데, 차량이 입고하지 않거나, 차량은 많이 입고함에도 불구하고 정비사들의 역량이 부족하여 작업완료가 지연되나 재수리 등으로 반복수리가 되는 경우가 정비현장에서는 종종 발생하고 있기 때문이다.

12 출근율 Attendance rate

이 관리지수는 임의적으로 조정 할 수 있는 항목은 아니지만 항상 관리자들이 확인해야 하는 관리지수이다. 유럽 국가들의 출근율은 아시아 지역 국가들보다 일반적으로 출근율이 낮으며 이는 기본적인 휴가 등이 많기 때문이다.

정 의	회사가 정비사에게 지급한 시간 대비하여 실제로 정비사들이 정비를 위하여 출근한 시간
산출식	$\dfrac{\text{정비사가 실제 근무시간 (Net Attendance hours)}}{\text{정비사가 근무해야 할 총 시간 (Bought hours)}} \times 100$
권장수치	≧80%

- 정비사가 근무해야 할 총 시간
  (Bought hours, Salaried hours, Gross worktime, Payed hours)
  - 정비사의 노동을 위해 회사가 임금을 지불하고 정비사로부터 구매한 총 시간
  - 정비사가 회사규정에 의하여 근무할 총 시간에 잔업근무시간을 합한 시간
  - 월중에 퇴사한 정비사가 있는 경우에는 실제 근무한 시간을 추가한다.

사례 1

서울사업소의 1개월간 정비사 실제 근무시간은 1,800시간이고 정비사가 근무해야 할 총 시간은 2,000시간일 때 출근율은 몇 % 인가?

풀이
- 정비 실제 근무시간 : 1,800시간
- 정비사가 근무해야 할 총 시간 : 2,000 시간
- 출근율 = 정비사 실제근무시간 / 정비사가 근무해야 할 총 시간 ×100
  = 1,800/2,000 × 100 = 90%

[정답] 90%

 성공하는 서비스관리자가 되기 위한 꿀팁!

출근율은 국가별, 회사별(브랜드)로 차이가 있으며 같은 브랜드라 하더라도 국가별로 노동법 및 회사별 사규에 의하여 정해지는 휴가일수 등이 다름으로 인하여 개인별로 사용하는 휴가일수에 따라 출근율에 차이가 있는 것이다.
(글로벌 M브랜드 직영사업소 출근율 예시 : 독일 75%, 폴란드 85%, 대한민국 90%)

13 연간 성과율 Annual performance rate

이 관리지수는 정비사업소의 최종 KPI라고 볼 수 있다. 궁극적으로 회사가 정비사에게 지급한 월급에 해당하는 구매한 총 구매시간 대비하여 고객으로부터 벌어들여지는 공임판매액을 측정하기 위한 관리지수이다.

일부 브랜드에서는 생산성(Productivity), 전반적 효율(Overall Efficiency)과 혼용되어 쓰기도 하지만 이번 기회에 그 차이를 확실히 구분하면 정비판매시간의 비중이 정비사가 근무해야 할 총 시간(Bought hours)을 기준으로 할 경우에는 **연간 성과율**이라고 하고 정비사가 실제 근무한 시간(Net Attendance hours)을 기준으로 할 경우에는 **생산성**(Productivity)이라고 한다.

정 의	회사가 정비사에게 구매한 시간 대비하여 고객에게 청구한 시간
산출식	생산성 × 출근율 $= \dfrac{\text{정비 판매 시간}}{\text{정비사 실제 근무시간}} \times \dfrac{\text{정비사 실제 근무시간}}{\text{정비사가 근무해야 할 총 시간}} \times 100$ $= \dfrac{\text{정비 판매시간 (Sold hours)}}{\text{정비사가 근무해야 할 총 시간 (Bought hours)}} \times 100$
권장수치	≥ 80%

사례 1

서울사업소의 1개월간 생산성이 80%이고 출근율이 90%인 경우에 연간 성과율은 몇 % 인가?

풀이
- 생산성 : 80%
- 출근율 : 90%
- 연간 성과율 = 생산성 × 출근율 ×100
  = 80% × 90% × 100 = 72%

[정답] 72%

C 공임 손익계산서 항목

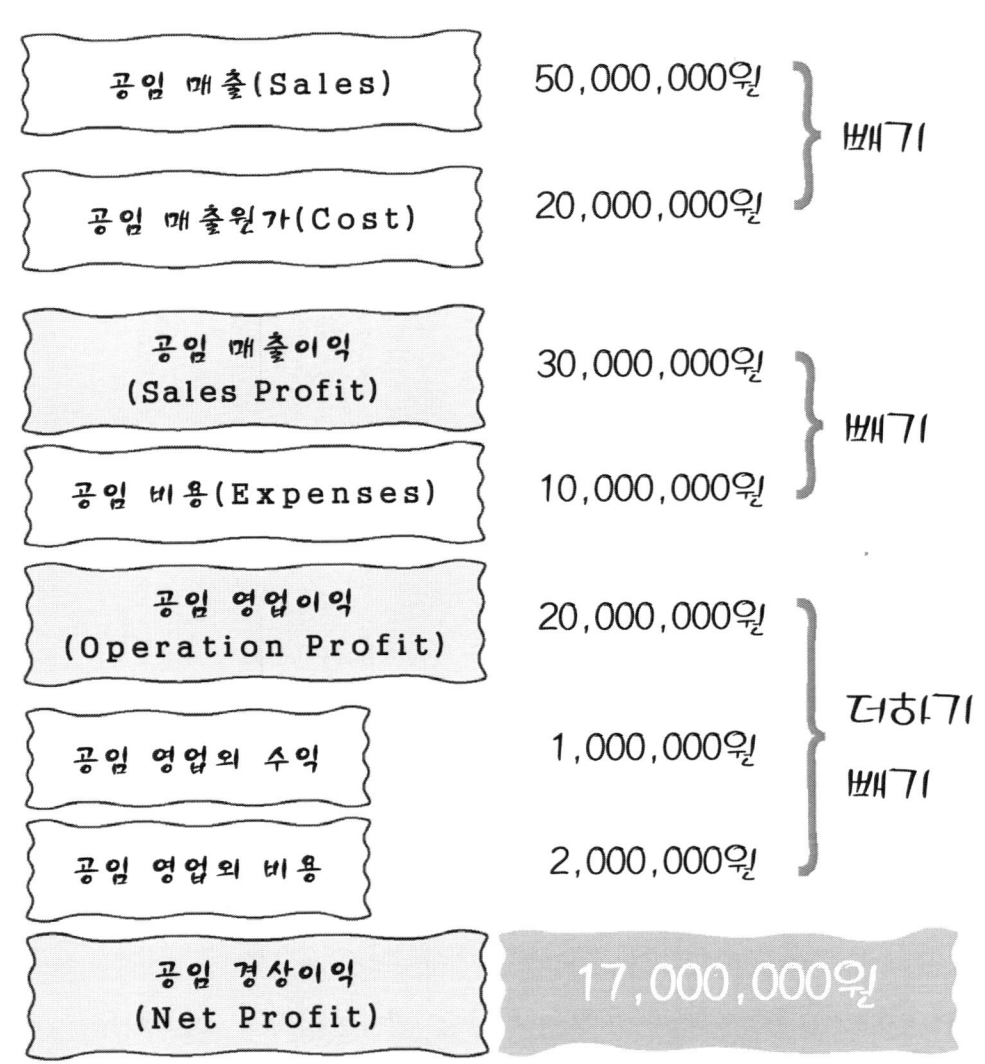

매출은 올리고, 비용은 낮추고

공임 부서 비용률
Labor Department Expenses %

이 관리지수는 공임부서에서 발생하는 전체 비용을 총괄하여 일컫는 용어이며 일반적으로 **직접비용**(Direct expenses)이라고도 한다. 부서비용은 변동비와 고정비로 구분할 수 있다. 유럽의 자동차 브랜드에서는 공임부서에서 발생하는 모든 비용을 크게는 **공임원가**와 **부서비용**으로 구분하고 부서비용은 다시 **변동비**, **고정비**로 구분해서 관리하기도 한다.

이 책에서는 좀 더 독자들의 이해를 돕기 위해서 **공임원가**, **변동비**, **고정비** 3가지로 세분하여 설명할 예정이다.

정 의	공임부서에서 사용하는 전체 비용
산출식	$\dfrac{\text{변동비} + \text{고정비}}{\text{공임매출}} \times 100$
권장수치	별도의 회사기준에 따른다.

- **변동비**(Variable Expenses)
 - 공임매출과 연동하여 발생하는 비용을 말한다.
   [예] 정비 소모품비, 페인트비용, 잔업비용(잔업비용의 일부를 공임원가로 산정하기도 함
- **고정비**(Fixed Expenses)
 - 공임매출의 규모와 관계없이 발생하는 비용
   [예] 건물 임차료, 감가상각비, 임금 등

사례 1

서울사업소의 한 달 동인 공임 매출은 50,000,000원이며 변동비는 10,000,000원, 고정비는 30,000,000인 경우 공임 부서 비용률은 몇 %인가?

풀이
- 부서 비용률 = (변동비 + 고정비) / 공임 매출 × 100
- 변동비 + 고정비 = (10,000,000원 + 30,000,000원)
- 공임 매출 = 50,000,000원
- 부서 비용률 = 40,000,000원 / 50,000,000원 × 100 = 80%

[정답] 80%

공임 원가 Labor Cost

이 관리지수는 정비사업소의 공임부서의 공임매출이익을 산출하는데 유용한 관리지수로서 국내의 많은 정비사업소에서는 산출의 어려움으로 인하여 공임원가를 책정하지 않으나 유럽의 자동차 회사에서는 그 나름대로의 합리적인 방식으로 정비사의 인건비 및 정비 소모품비를 기준으로 정하고 있으며 여기서는 그 중 한 가지 방법을 소개한다.

정 의	정비사의 인건비 중에 실제 판매금액 비중을 공임원가로 산출
산출식	$(\text{정비사 인건비} + \text{정비 소모품비}) \times \dfrac{\text{판매시간(Sold hour)}}{\text{작업시간(Worked hour)}} \times 100$
권장수치	별도의 회사기준에 따른다.

원가와 비용을 구분하기는 쉽지 않지만 아래와 같이 구분하며 현업에서는 혼용되어 사용되기도 한다.
- 원가 : 제품을 생산하는데 연관되는 직접적인 비용
- 비용 : 제품 생산과 연관되지 않는 간접적인 비용
- 인건비 : 급여, 상여, 성과급, 잔업수당, 복리후생비를 모두 포함한다.
- 정비 소모품비 : 정비시 필요한 부자재, 도장페인트 등을 포함한다.

사례 1

서울사업소의 1개월간 정비사의 인건비는 40,000,000원, 정비 소모품비는 5,000,000원이며 해당 월의 작업효율은 60%인 경우에 공임원가는 얼마인가?

풀이
- 원가대상 비용 = 정비사 인건비 + 정비 소모품비
  = 40,000,000원 + 5,000,000원 = 45,000,000원
- 공임원가 = 정비효율 × 원가대상 비용
  = 45,000,000원 × 60% = 27,000,000원

[정답] 27,000,000원

16 공임 원가율 Labor costs %

이 관리지수는 공임원가를 공임매출 대비하여 확인함으로써 과도한 인건비 지출을 사전에 방지하고 공임매출의 최저기준을 정하기 위함이다.

정 의	공임매출 대비하여 공임원가의 비중을 산출.
산출식	$\dfrac{\text{공임원가 (Labor costs)}}{\text{공임매출 (Labor sales)}} \times 100$
권장수치	별도의 회사 기준에 따른다.

사례 1

서울사업소의 1개월간 공임매출은 60,000,000원이며 공임원가는 27,000,000원인 경우에 공임원가율은 얼마인가?

풀이
- 공임매출 : 60,000,000원
- 공임원가 : 27,000,000원
- 공임원가율 = 공임원가 / 공임매출 × 100
  = 27,000,000원 / 60,000,000원 × 100 = 45%

[정답] 45%

 성공하는 서비스관리자가 되기 위한 꿀팁!

공임원가 산출시 브랜드에 따라서는 실근무시간(Net Attendance hour)을 작업시간(Worked hour)과 유휴시간(Idle hour)으로 나누고 앞에서 배운 가동률(작업시간 / 실근무시간 ×100)을 기준으로 정비사에게 지불되는 금액의 비중을 계산하여 공임매출원가로 책정하기도 한다.

17 공임 매출이익 Labor Sales profit

이 관리지수는 공임매출과 공임원가를 활용하여 공임매출이익을 산출하며 이외에 공임부서 비용을 추가하여 공임부서의 영업이익을 관리하기도 한다.

정 의	공임매출에서 공임원가를 공제하여 공임의 수익 정도를 산출
산출식	공임 매출(Labor sales) − 공임원가(Labor costs)
권장수치	별도의 회사기준에 따른다.

공임 및 부품을 떠나서 일반적인 회계 관점에서 설명하자면 아래와 같다.
- **매출이익**(Sales profit) : 매출(Sales) − 원가(Cost)
- **영업이익**(Operation profit) : 매출이익(Sales Profit) − 비용(Expenses)
- **경상이익**(Ordinary profit, Net profit) :
  영업이익 + 영업외수익(수입 이자 등) − 영업외비용(지급 이자 등)

사례 1

서울사업소의 1개월간 공임매출은 60,000,000원이며 공임원가는 27,000,000원인 경우에 매출이익은 얼마인가?

풀이
- 공임매출 : 60,000,000원
- 공임원가 : 27,000,000원
- 매출이익 = 공임매출 − 공임원가
  = 60,000,000원 − 27,000,000원 = 33,000,000원

[정답] 33,000,000원

 성공하는 서비스관리자가 되기 위한 꿀팁!

공임의 수익정도를 나타내기 위해서는 각 브랜드별로 계산하는 방식이 다름으로 인하여 해당 브랜드에서 근무하는 서비스관리자는 각 브랜드별로 정의되어 있는 공임 매출이익 산출방법을 사전에 숙지하여야 한다. 다행히도 해당 브랜드에서 공임에 대한 원가를 인식하지 않는 경우에는 그냥 100% 수익으로 이해하여도 무방하다. 다만 손익계산서 상에 부품 및 차량판매의 영업이익과 합산하여 비용을 공제한 후의 경상이익부분은 반드시 확인하여야 한다.

공임 매출 이익률
Labor sales profit %

이 관리지수는 공임 매출이익과 더불어 공임의 수익 정도를 나타내는 관리지수로서 공임매출 대비하여 달성되어 져야 하는 정도를 나타낸다.

정 의 공임매출 대비하여 공임의 수익 비율을 산출

산출식 공임 매출 이익률

$$= \frac{공임매출이익(\text{Labor sales profit})}{공임매출\ (\text{Labor Sales})} \times 100$$

$$= \frac{공임매출(\text{Labor sales}) - 공임원가(\text{Labor costs})}{공임매출\ (\text{Labor Sales})} \times 100$$

권장수치 ≧ 60%

사례 1

서울사업소의 1개월간 공임 매출은 60,000,000원이며 공임 매출이익이 20,000,000원인 경우에 공임 매출 이익률은 얼마인가?

풀이
- 공임 매출 : 60,000,000원
- 공임 공헌이익 : 20,000,000원
- 공임 매출 이익률 = 20,000,000원 / 60,000,000원 × 100 = 33%

[정답] 33%

 성공하는 서비스관리자가 되기 위한 꿀팁!

공임 매출이익을 일부 유럽의 자동차 브랜드에서는 공임원가를 공임변동비처럼 인식하여 **매출공헌이익**(Contribution margin, CM)이라고 하고 추가적으로 기타 공임부서의 비용을 고정비용으로 인식하여 최종적으로 공임부서의 수익을 산출하기도 한다.

# 19 외주 마진 Sublet margin

이 관리지수는 정비사업소에서 처리하기 어려운 작업을 외부의 전문가에게 수리를 의뢰함으로써 방문 고객에게 편의를 제공하고 이때 외주 판매금액에서 외주 구매금액의 차이를 관리함으로써 사업소의 수익을 향상 시킬 수 있다.

정 의	외부의 전문가에 특정 작업에 대하여 수리를 의뢰하는 행위를 '외주'라 하며 이런 작업이 이루어 졌을 경우 발생하는 마진을 관리하는 것.
산출식	외주 판매금액 - 외주 구매금액
권장수치	별도의 회사기준에 따른다.

● 외주 작업의 종류
 유리 교환 작업 / 견인 작업 / 미션 수리 작업 / 블랙박스 / 썬팅 / 내비게이션 / 세차 등

사례 1

서울사업소의 1개월간 견인 구매금액은 1,000,000원 견인 판매금액은 1,100,000원이며 유리 교환작업은 2,000,000원 유리 교환 판매금액은 2,100,000원인 경우에 외주 마진액은 얼마인가?

풀이
□ 외주구매금액 = 견인 구매액 + 유리 구매액 = 1,000,000원 + 2,000,000원
□ 외주판매금액 = 견임 판매액 + 유리 판매액
    = 1,100,000원 + 2,100,000원
□ 외주 마진 = 총 구매액 - 총 판매액
    = (1,100,000원 + 2,100,000원) - (1,000,000원+2,000,000원)
    = 200,000원

[정답] 200,000원

 성공하는 서비스관리자가 되기 위한 꿀팁!

보통 외주마진은 10~20% 수준이 일반적이다. 너무 적으면 사업소 운영에 어려움이 있고, 너무 많으면 고객에게 부담이 됨으로 적정한 수준으로 책정 및 관리해야 한다.

# 20 외주 마진율 Sublet margin %

이 관리지수는 외주작업에 대한 마진율을 정의하여 일정금액의 수익을 관리함으로써 외주작업으로 인하여 추가적으로 발생하는 간접인력의 소요되는 시간과 카드수수료를 보상한다.

정 의	외주작업에 대한 구매비용 대비하여 발생하는 외주마진의 비율을 관리
산출식	$\dfrac{\text{외주 판매금액} - \text{외주 구매금액}}{\text{공임매출}} \times 100$
권장수치	별도의 회사기준에 따른다.

사례 1

서울사업소의 1개월간 견인 구매금액은 1,000,000원 견인 판매금액은 1,100,000원이며 유리 교환작업은 2,000,000원 유리 교환 판매금액은 2,100,000원 인 경우에 외주 마진은 몇 % 인가?

풀이
- 외주구매금액 = 견인 구매액 + 유리 구매액 = 1,000,000원 + 2,000,000원
- 외주판매금액 = 견임 판매액 + 유리 판매액 = 1,100,000원 + 2,100,000원
- 외주 마진 = 총 구매액 - 총 판매액
  = (1,100,000원 + 2,100,000원) - (1,000,000원+2,000,000원)
  = 200,000원
- 외주마진율 = 외주마진 / 총 외주구매액 × 100
  = 200,000원 / 3,200,000원 × 100 = 6%

[정답] 6%

21 공임 영업이익 Labor operation profit

이 관리지수는 공임매출의 수익률을 나타내는 지수로서 공임 ROS(Return on Sales in Service)로 불려 지기도 한다. 공임 매출에서 영업이익을 산출하기 위한 공임원가, 공임 변동비, 공임 고정비는 자동차 제조사 에 따라서 그 기준이 달라질 수 있음으로 해당 제조사의 내부 규정을 확인해야 한다.

정 의	공임매출에 대한 최종 수익률을 산출
산출식	공임 매출이익(Labor Sales Profit) - 공임비용(Labor expenses) = 공임 매출이익 - (공임 변동비용 + 공임 고정비용)
권장수치	별도의 회사기준에 따른다.

ROS(Return on Sales) : 매출액에 대한 수익의 비율이다.

사례 1

서울사업소의 1개월간 공임매출은 60,000,000원이며 공임 원가는 20,000,000원, 공임 비용은 30,000,000원인 경우에 공임 영업이익은 얼마인가?

풀이
- 공임매출 : 60,000,000원
- 공임원가 : 20,000,000원
- 공임비용 : 30,000,000원
- 공임영업이익 = 공임매출 - 공임원가 - 공임비용
  = 60,000,000원 - 20,000,000원 - 30,000,000원
  = 10,000,000원

[정답] 10,000,000원

22. 공임 영업 이익률
Labor operation profit %

이 관리지수는 공임매출의 수익률을 나타내는 지수로서 국내에서는 주로 공임 원가 및 공임 비용을 산정하지 않는 경우가 많음으로 공임 영업 이익률이 100% 일 수 있으나 일부 유럽 브랜드에서는 공임도 별도의 기준을 가지고 공임 원가 및 공임 비용을 산정함으로서 그에 따른 수익률을 관리하는 것이다.

정 의 공임매출에 대한 수익률을 산출

산출식
$$= \frac{\text{공임 매출이익(Labor Sales Profit)} - \text{공임비용(Labor expenses)}}{\text{공임매출 (Labor Sales)}} \times 100$$

$$= \frac{\text{공임 매출} - \text{공임원가} - (\text{공임 변동비용} + \text{공임 고정비용})}{\text{공임매출 (Labor Sales)}} \times 100$$

권장수치 $\geqq 20\%$

사례 1

서울사업소의 1개월간 공임매출은 60,000,000원이며 공임 원가는 20,000,000원, 공임 비용은 30,000,000원인 경우에 공임 영업 이익률은 몇 %인가?

풀이
- 공임매출 : 60,000,000원
- 공임원가 : 20,000,000원
- 공임비용 : 30,000,000원
- 공임 영업 이익 = 공임매출 − 공임원가 − 공임비용
  = 60,000,000원 − 20,000,000원 − 30,000,000원
  = 10,000,000원
- 공임 영업 이익률 = 공임 영업이익 / 공임매출 × 100
  = 10,000,000원 / 60,000,000원 × 100 = 17%

[정답] 17%

Notes

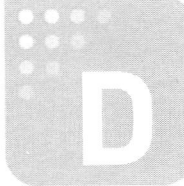 미수금 관리의 중요성

재 공 중 (Work in progress)

진짜 재공중인 것	재공중인 것처럼 보이는 것

재 공 중

- ☞ 현재 공장안에서 작업중인 차량

- ☞ 작업이 종료되었으나 미수금을 지급하지 않아서 전산상에 재공으로 인식
  - 일반 미수건
  - 보증 미승인 건
  - 보험 미수건

집중 관리대상

Step 1. 담당자 통보
Step 2. 공문발송
Step 3. 내용증명발송

돈을 받아야 모든 것이 종결

이렇게 월말마다 돈 받으러 다녀야 하나?
매일 미수금 내용 및 금액을 확인해야 합니다.

미수금 관리는 매우 중요합니다.
넵.. 꼼꼼히 확인하겠습니다

23 공임매출 Mix (작업유형별)

이 관리지수는 공임매출의 작업유형별 구성비를 나타내는 것으로 주로 금액 보다는 판매시간으로 구성비를 계산한다.

정 의	공임매출을 구성하는 작업유형에 따라서 판매시간의 구성비를 나타내는 것
산출식	$\dfrac{\text{작업유형별 판매된 시간}}{\text{총 판매시간}} \times 100$
권장수치	별도의 회사기준에 따른다.

용어해설

- **작업유형은 크게 주로 2가지로 구분** : 외부수리, 내부수리
  - **외부수리(external)** : 작업비가 외부에서 지급되는 경우
    [예] 일반수리, 보험수리
  - **내부수리(internal)** : 작업비가 내부에서 지급되는 경우
    [예] 보증수리, 캠페인, 정비쿠폰, 사내수리

※ 이 책의 그래프 중 EX 또는 External은 외부 매출을 나타내고, IN 또는 internal은 내부 매출을 나타낸다.

- **작업유형을 좀 더 세분하여 보면**
  - **일반수리** : 정비고객이 정비료를 지급하는 경우
  - **보험수리** : 정비료를 고객을 대신하여 보험사가 지급하는 경우
  - **보증수리** : 보증 기간 내에 차량으로 임포터나 제조사에서 정비료를 지급하는 경우 (제조사 서비스 네트워크인 경우에 해당)
  - **캠페인** : 임포터 및 제조사 또는 자체적인 서비스 할인 행사를 시행하는 경우
  - **정비쿠폰** : 신차 매입시 엔진오일, 브레이크 패드 등 유지관리 항목들에 대해서 일정부분 할인된 정비상품을 구매한 경우
  - **사내수리** : 서비스 부서가 아닌 회사 내 다른 부서에서 정비수리를 요구하는 경우

사례 1

서울사업소의 1개월간 공임매출시간은 1,000시간이며 이중에 일반수리 판매시간은 500시간, 보증수리 판매시간은 300시간, 사내수리 판매시간은 200시간일 경우 각 유형별 판매시간 비중은 얼마인가?

풀이
- 일반수리 판매시간 비중 = 일반수리 판매시간 / 총 판매시간 ×100
  = 500 / 1,000 × 100
  = 50%
- 보증수리 판매시간 비중 = 보증수리 판매시간 / 총 판매시간 ×100
  = 300 / 1,000 × 100
  = 30%
- 사내수리 판매시간 비중 = 사내수리 판매시간 / 총 판매시간 ×100
  = 200 / 1,000 × 100
  = 20%

[정답] 일반 : 보증 : 사내 = 50% : 30% : 20%

24 시간당 공임 Hourly rate

이 관리지수는 표준정비시간을 기준으로 시간당 얼마의 금액을 고객에게 청구하는 기준이 되기도 하고 반대로 총 청구한 시간을 총 시간으로 나눔으로써 시간당 공임이 산출되기도 하는데 국내법 상으로는 모든 정비업소에서는 작업유형별로 시간당 공임을 산정해서 운영하고 있다.

정 의	① 판매시간 1시간당 청구해야 하는 금액 ② 총 공임 매출을 판매시간으로 나눈 금액
산출식	총 공임 매출 / 총 판매시간
권장수치	별도의 회사기준에 따른다.

● 표준 정비 시간 : 제조사에서 표준작업에 따라서 정해진 작업시간

사례 1

서울사업소의 1개월간 공임매출은 54,000,000원이며 그 중에 외부판매는 24,000,000원, 내부판매는 30,000,000원이다. 총 판매 시간은 1,000시간이며 외부판매시간은 400시간, 내부판매시간 600시간일 때 유형별 시간당 공임 및 평균 시간당 공임은 얼마인가?

풀이
▫ 외부시간당 공임 = 외부공임매출 / 외부판매시간
　　　　　　　　　= 24,000,000원 / 400시간 = 60,000원/시간
▫ 내부시간당 공임 = 내부공임매출 / 내부판매시간
　　　　　　　　　= 30,000,000원 / 600시간 = 50,000원/시간
▫ 평균시간당 공임 = 총 매출 / 총 판매시간
　　　　　　　　　= 54,000,000원 / (400시간+600시간)
　　　　　　　　　= 54,000원 / 시간

[정답] 외부시간당 공임 : 60,000원 / 시간, 내부시간당 공임 : 50,000원 / 시간
　　　　평균시간당 공임 : 54,000원 / 시간

25 진행중인 작업 Work in Progress

이 관리지수는 현재 작업장에서 작업중인 작업의 수준을 금액 및 건수로 표시하여 알려준다. 서비스관리자의 입장에서는 진행중인 작업은 줄이는 노력을 지속적으로 해야 한다. 정비현장에서 실무를 진행하다 보면 매출을 발생시키는 기준이 입금시점인 경우에는 실제로 작업을 하고 있는 것보다는 작업은 이미 끝났지만 매출을 인식하지 못하는 경우가 발생하는 경우에 더욱 이 관리지수는 주기적으로 확인하고 미수금을 회수하는 노력이 필요한 것이다.

정 의	작업이 완료되지 않고 정비현장에서 진행중인 작업을 확인함으로써 매출로 인식해야 할 건수 및 금액을 주기적으로 관리한다.
산출식	진행중인 작업 건수, 진행중인 작업 금액
권장수치	별도의 회사기준에 따른다.

Upgrade 성공하는 서비스관리자가 되기 위한 꿀팁!

매출의 시점을 작업이 완료된 시점(발생주의)으로 할 것인지, 아니면 매출대금이 입금이 되는 시점(입금주의)으로 할 것인지는 회계상의 기준으로 회사마다 기준을 다르게 가질 수 있다.

전자로 할 경우에는 매출 후 외상매출금을 관리해야 하며 후자인 경우에는 미수금 회수를 조속히 진행하여 매출을 인식해야 하는 것이다.

공임매출 비교 분석(목표대비)

	당 월		
	부품(Psrts)	공임(Labor)	소계(sub-total)
목표(Target)	226,000,000	91,000,000	317,000,000
외부(EX)	91,000,000	68,000,000	159,000,000
내부(IN)	135,000,000	23,000,000	158,000,000
실적(Sales)	223,469,894	92,783,618	316,253,512
외부(EX)	107,178,270	65,332,368	172,510,638
내부(IN)	116,291,624	27,451,250	143,742,874
달성률(%)	99%	102%	100%
외부(EX)	118%	96%	108%
내부(IN)	86%	119%	91%

- 목표대비 실적은 적정한가?

- 외부매출 대비 내부매출은 적정한가?

- 부품대 공임의 비율은 적정한가?

PDA : Plan(계획) Do(실행) Analysis(분석)

공임매출

226,000,000
91,000,000
135,000,000

매니저님
뭐하세요?

공임매출비교표

자..
그래프를
봅시다.

26 공임매출 비교(1) : 목표대비 달성률

이 관리지수는 전년도 말에 정해진 공임목표 대비하여 실제로 발생된 공임매출의 성취 정도를 나타내는 것이다. 정비현장의 관리자라면 매월, 매분기, 매년 주기적으로 확인해야 하는 관리지수이며 조직에 따라서는 일간 또는 주간단위로 달성률을 확인하기도 한다.

정 의 공임목표 대비하여 공임매출의 달성 정도를 관리한다.

산출식 $\dfrac{공임매출}{공임목표} \times 100$

권장수치 ≥ 100%

사례 1

서울사업소의 3월 공임목표는 91,000,000원이며 실제 공임매출은 93,000,000원을 하였을 경우 목표 달성률은 얼마인가?

풀이
□ 목표달성률 = 공임매출 / 공임목표 × 100
  = 93,000,000원 / 91,000,000원 × 100 = 102 %

[정답] 102%

▼ 공임매출 비교(1) : 목표 대비

	당 월		
	부품(Psrts)	공임(Labor)	소계(sub-total)
목표(Target)	226,000,000	91,000,000	317,000,000
외부(EX)	91,000,000	68,000,000	159,000,000
내부(IN)	135,000,000	23,000,000	158,000,000
실적(Sales)	223,469,894	92,783,618	316,253,512
외부(EX)	107,178,270	65,332,368	172,510,638
내부(IN)	116,291,624	27,451,250	143,742,874
달성률(%)	99%	102%	100%
외부(EX)	118%	96%	108%
내부(IN)	86%	119%	91%

27 공임매출 비교(2) : 월별 추이

이 관리지수는 공임매출의 월별추이를 확인함으로써 전반적으로 다른 달과의 차이를 분석하는 것이다. 추가적으로 매달 일하는 날 수(Working day)가 다름으로 인하여 일 평균 공임매출을 비교하기도 한다.

정 의	공임매출의 월별 추이를 파악한다.
산출식	공임매출 vs 전월 공임매출 $\dfrac{\text{공임매출}}{\text{전월 공임매출}} \times 100$
권장수치	별도의 회사기준에 따른다.

사례 1

> 서울사업소의 2월 공임매출은 172,000,000원을 하였으며 전월(1월) 공임매출은 156,000,000원인 경우 2월 전월대비 성장률은 얼마인가?
>
> **풀이** □ 전월 대비 공임매출 = 당월 공임매출 / 전월 공임매출 × 100
> = 172,000,000원 / 156,000,000원 × 100
> = 110%
>
> [정답] 전월대비 110%

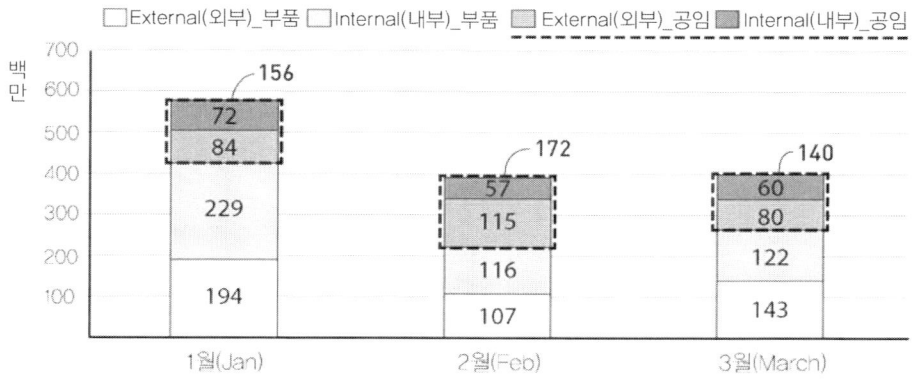

▲ 공임매출 비교 : 월별추이 (금액 : 백만원)

28 공임매출 비교(3) : 전년 월평균, 올해 월평균

이 관리지수는 현재 달성한 공임매출의 수준이 단순히 목표대비로만 평가하는 것이 아니라 전년도와 올해에서의 수준을 같이 평가하는 것이다.

정 의	공임매출을 전년도 월평균과도 비교하고 올해 월평균과도 비교하여 종합적인 위치를 파악하고자 함이다.
산출식	공임매출 vs 전년 월평균 공임매출 vs 올해 월평균 공임매출 $$\frac{공임매출}{전년\ 공임매출\ 월평균} \times 100$$ $$\frac{공임매출}{올해\ 공임매출\ 월평균} \times 100$$
권장수치	별도의 회사기준에 따른다.

사례 1

서울사업소의 3월 공임매출은 140,000,000원을 하였을 경우 전년 및 올해와 비교를 해 보아라(전년 공임매출 평균은 129,000,000원, 올해 공임매출 평균은 156,000,000원 대비수준은?

풀이
 □ 전년 공임매출 평균 대비 = 공임매출 / 전년 공임매출 평균 × 100
  = 140,000,000원 / 129,000,000원 ×100
  = 109 %
 □ 올해 공임매출 평균 대비 = 공임매출 / 올해 공임매출 평균 ×100
  = 140,000,000원 / 156,000,000원 × 100
  = 90%

[정답] 전년 월평균 대비 109%
올해 월평균 대비 90%

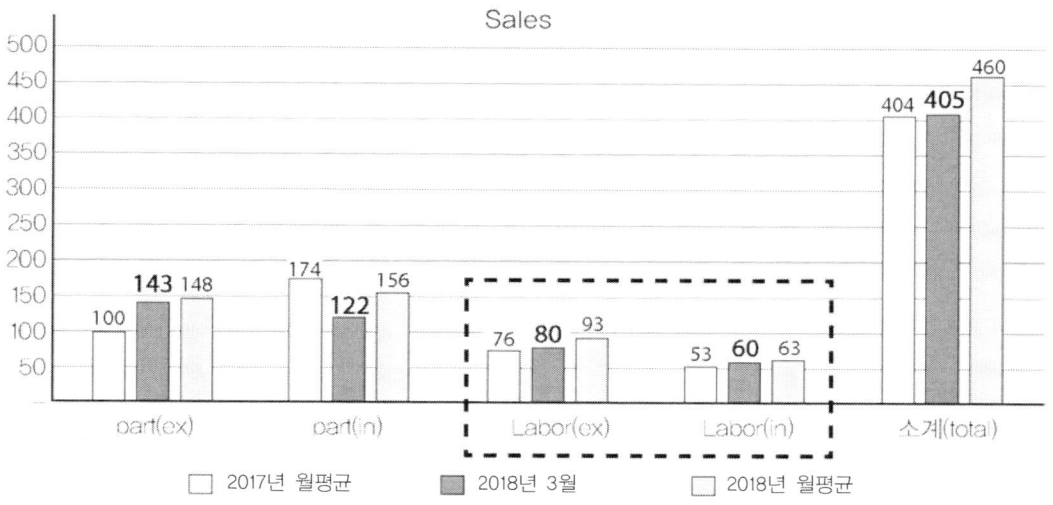

△ 공임매출 비교 : 전년 월평균, 올해 월평균 [금액: 백만원]

Upgrade 성공하는 서비스관리자가 되기 위한 꿀팁!

    실무에서의 매출 비교는 좀 더 세분화하여 공임 과 부품으로 나누고 또한 외부매출과 내부매출로 나누어서 실제로 부족한 부분이 어디에서 발생하였는지를 파악하는 것이 중요하다. 만약 전체적인 수치는 좋으나 외부매출이 상대적으로 내부매출 대비하여 적은 경우에는 외부매출 향상 방안에 대한 방법을 좀 더 구체적으로 세워서 시행하여야 하는 것이다.

29 가동률/작업효율/생산성 비교(1) : 월별 추이

이 관리지수는 가동률 / 작업효율 / 생산성의 월별추이를 확인함으로써 전반적으로 다른 달과의 차이를 분석하는 것이다.

정 의   가동률 / 작업효율 / 생산성의 월별 추이를 파악한다.
산출식   가동률 / 작업효율 / 생산성 vs 전월 가동률 / 작업효율 / 생산성
권장수치 별도의 회사기준에 따른다.

사례 1

서울사업소의 2월 생산성은 90%이며 3월 생산성은 91%이다. 전월 대비 성장률은 얼마인가?

풀이
□ 전월 대비 생산성% 포인트(Point) = 당월 생산성% − 전월 생산성%
   = 91% − 90%
   = 1 % 포인트 업(point up)

[정답] 전월 대비 1% 포인트 업(Point up)

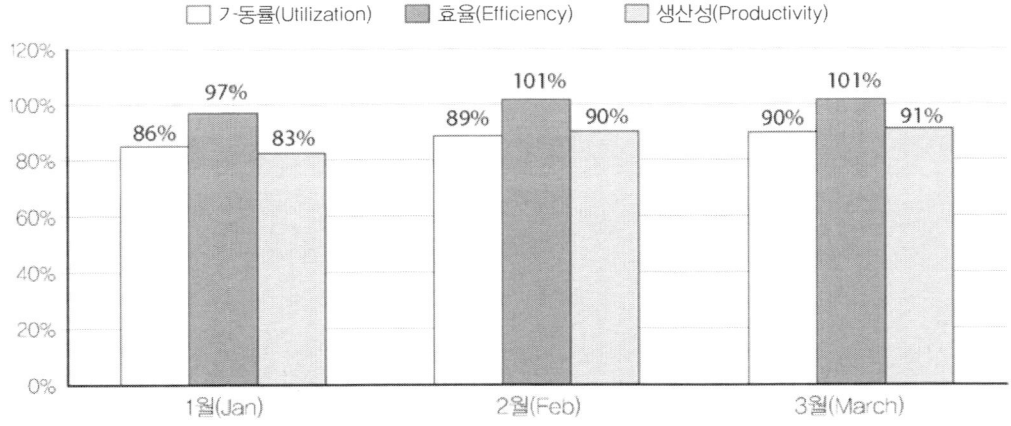

▲ 가동률 / 작업효율 / 생산성 비교 : 월별추이

30 가동률 / 작업효율 / 생산성 비교(2)
전년월평균, 올해 월평균

이 관리지수는 가동률 / 작업효율 / 생산성의 전년월평균 및 올해 월평균을 확인함으로써 전반적으로 다른 달과의 차이를 분석하는 것이다.

정 의	가동률 / 작업효율 / 생산성을 전년도 월평균과도 비교하고 올해 월평균과도 비교하여 종합적인 위치를 파악하고자 함이다.
산출식	금월 생산성 vs 전년 월평균 생산성 vs 올해 월평균 생산성 $$\frac{금월\ 생산성}{전년\ 월평균\ 생산성} \times 100$$ $$\frac{금월\ 생산성}{올해\ 월평균\ 생산성} \times 100$$
권장수치	별도의 회사기준에 따른다.

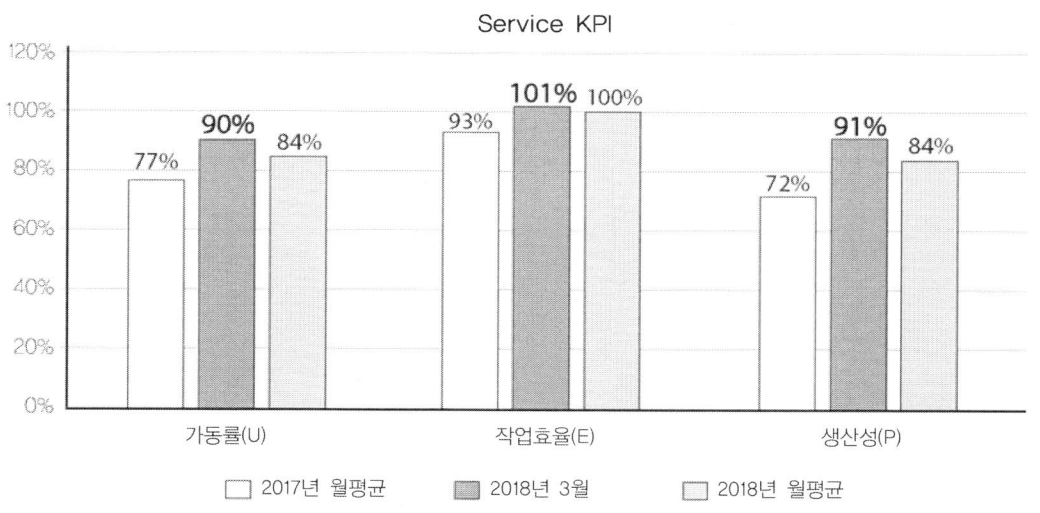

🔺 가동률 / 작업효율 / 생산성 비교 : 전년 월평균, 올해 월평균

# 가동률을 높이는 Action plan

가동률을 높이기 위해서는 실 근무시간(Net Attendance)이 고정일 때 클라킹(Clocking)시간을 늘려야 하는 것이다.

클라킹 시간을 늘리기 위해서는 기본적으로 차량이 정비현장에 많이 들어오게 하고 정비사가 실제작업에 투여되는 시간이 많아야 하는 것이다. 이러한 일련의 활동들은 내부적으로는 정비사가 작업에 투여되는 시간을 늘리는 것이고 외부적으로는 정비 차량을 입고하게 만드는 서비스 마케팅 활동과 연관되어 있다.

가동률을 높이기 위해 당장 할 수 있는 몇 가지 실 사례를 공유하니 각자 환경에 맞게 변형 또는 수정해서 시행해보자. 아울러 여러분의 환경에 맞는 액션 플랜(Action Plan)은 여러분 각자 또는 구성원들과 같이 고민해서 만들고 시행해 보자.

1. 근무시작시간을 확인하라

여러분들의 작업시작시간이 아침 9시이며 정비사가 10명이라고 할 때, 과연 여러분의 정비사들은 과연 몇 시 부터 클라킹을 시작할까요?

지금 당장 확인해 봅시다. 아마도 대부분 그 결과에 깜짝 놀랄 것이다.

A	B	C	D	E	F	G	H	I	J
9:10	9:20	9:20	9:30	9:10	9:50	9:05	9:10	9:20	9:30

아침에 클라킹의 수준이 위와 같다면 아마도 그나마 양호할 것이다. 하지만 위에서 보는 시작시간을 자세히 보면 모든 10명의 정비사가 최소 5분에서 50분까지 작업시작이 지연될 것을 알 수 있다. 모두 합하면 195분이다.

A	B	C	D	E	F	G	H	I	J
10분	20분	20분	30분	10분	50분	05분	10분	20분	30분

이러한 시작근무시간의 지연문제는 퇴근시에는 조기종료로 이어진다.

A	B	C	D	E	F	G	H	I	J
17:50	17:40	17:50	17:00	17:30	17:45	17:50	17:55	17:40	17:50

각 정비사는 작업의 종료시간이 마지막 근무시간보다 조금씩 일찍 끝나는 것이 일반적이다. 물론 차량의 잔업을 해야 하는 상황이 될 수도 있지만 보통은 차량수리의 종료시간은 상기와 크게 다르지 않을 것이다. 여기의 모든 조기종료시간을 합치면 190분이다.

A	B	C	D	E	F	G	H	I	J
10분	20분	10분	60분	30분	15분	10분	5분	20분	10분

아침의 작업지연시간과 조기종료시간을 합치면 195+190= 385분이다.
즉 환산하면 6시간25분으로 6.41시간인 것이다.
안타깝게도 이러한 현상은 점심시간 시작과 끝에서도 발생한다. 다만, 점심시간은 고려하지 않더라도 1일 6.4시간의 손실(Loss)은 1년을 환산하면 한달 워킹데이를 20일로 보고 12개월을 계산하면 6.4시간/일 × 20일 × 12개월 하면 1,526시간의 손실이 나온다.

보통 시간당 공임으로 보면 1,526시간 × 60,000원 / 시간 = 9,216,000원 의 기회손실이 발생했다고 할 수 있는 것이다. 만약 점심시간의 손실까지 포함한다면 이보다는 더욱 많을 것이다.

당장 오늘부터는 아침시작시간에 바로 클라킹이 시작될 수 있도록 하자. 그렇게 하기 위해서는 아침조회 및 체조시간을 업무시작시간보다 일찍 해야 한다. 그리고 나서 작업시각시간의 시간을 정비사가 꼭 지킬 수 있도록 지속적으로 관리해야 한다.

작업시작시간에 정비사업소의 오디오 시스템을 활용하던지, 아니면 누군가 매일 수작업으로 틀던지 '벨' 이나 '알람' 을 통해서 이 문제를 해결 할 수 있는 것이다.

정비사 시간관리의 효율적인 운영을 위해 서비스 어드바이저의 경우에는 정비사 업무 시작 30분전에 하는 것도 하나의 방법이 될 수 있다. 물론 이런 경우에 서비스 어드바이저의 추가 근무에 대한 보상을 해주던지 근무시간을 조정(예: 30분 일찍 종료) 하던지 해야 한다.

2. 근무시간을 조정하라

근무시간 조정에 대해서는 기본적으로 관리자와 정비사간의 신뢰와 팀웍이 기본이 되어야 한다. 일방적인 변화는 때로는 더욱 조직력을 약화 시킬 수 있음으로 끊임없는 대화와 공감대 형성이 있어야 한다.

첫째로 토요일 근무에 대해서 이야기 하면, 토요일 근무는 엄밀히 가동률 차원에서 보면 수치적으로는 향상되는 것은 아니다. 왜냐하면 실제 근무시간도 늘고 클라킹 시간도 늘기 때문이며 차라리 토요일 근무는 작업효율성을 떨어뜨리는 원인이 되기도 한다. 그런 의미에서 토요일 근무는 안 하는 것이 여러모로 좋기는 하지만 꼭 해야 하는 경우라면 아래의 방법을 권장한다.

토요일 근무에서 가동률을 높이기 위해서는 오전근무(4시간) 보다는 평일처럼 전일(8시간)근무를 해야 가동률을 높일 수 있다. 단지 고객과의 소통 때문에 오전근무를 하게 되면, 이러한 근무형태를 해본 관리자나 정비사 모두 알 것이다. 토요일 예약도 정상보다는 훨씬 적게 받게 되고 작업형태로 제한적이 되기 때문이다. 또한 12시 전에 이미 정비사들의 마음은 가정에 가 있기 때문이다. 그렇다고 토요일 근무로 인하여 토요일에 가족들과 저녁식사를 같이 하지 못한다면 일과 가정의 밸런스가 깨진다고 생각할 것이다. 그럼으로 토요일 근무는 오전근무를 피하되 저녁6시까지가 아닌 저녁4시 정도까지가 제일 적당하다고 필자는 판단되어 실제로 그렇게 운영하기도 했다.

● **토요 근무시간 운영 안(3개 종류)**

1안(9시~13시)	2안(9시~18시)	3안(9시~16시)
가동률 ↓ 직원만족 ↑	가동률 ↑ 직원만족 ↓	가동률 ↑ 직원만족 ↑

둘째로 근무시작시간을 1시간 정도 앞으로 당기는 것을 고민할 필요가 있다.

물론 정비고객의 형태와 여러 가지 환경을 고려해야 하겠지만, 만약 고객이 아침에 교통이 막힐 것을 우려하여 업무시간 전에 미리 와서 기다리고, 아침에 차량을 맡기고 출근이라고 하려면 정비사업소가 일찍 근무를 시작하는 것이 여러모로 고객만족도를 높이는 결과가 된다.

직원의 입장에서도 아침에 일찍 시작하는 것이 출근길을 여유롭게 해주고 일의 집중도로 높아지는 결과를 가져온다. 또한 평소보다 1시간 일찍 끝난다는 즐거움은 또 다른 만족을 가져주게 된다. 물론 만약 시작은 1시간 빠른데 여러 가지 잔업 등으로 인하여 퇴근시간은 그대로가 된다면 이 제도는 구성원들에게 오해를 불러일으킬 것이다.

● **근무시간 변경**

1안 (9시~18시)	2안 (8시~17시)
가동률 → 직원만족 →	가동률 ↑ 직원만족 ↑

셋째로 2교대 탄력근무제로 운영하는 것이다.

고객의 종류에 따라 승용차 고객보다는 상용차 고객을 상대하는 정비사업소에는 일반적으로 가동률에 큰 영향을 받는다. 특히 덤프 차량을 운행하는 고객은 대부분 아침새벽부터 운행을 하고 대부분 오후 4시경에 근무가 끝나는 특성을 보면 오후 4시 이후부터 정비사업소가 차량을 정비해준다면 유휴시간에 차량을 정비할 수 있어서 고객만족도가 올라간다. 다만 정비사업소에서 이러한 탄력근무를 하기 위해서는 우선 정비사들의 정비역량이 일정수준 높이 올라가 있어야 하며 팀-웍도 오랫동안 맞춰야 원활한 탄력근무제가 정비사업소 입장에서 보면 효율적으로 운영될 수 있는 것이다. 또한 이에 따른 정비사 및 간접인력 인원수도 충분히 확보 되어 져야 한다.

하지만, 반대 급부로 이러한 탄력근무제는 장점도 있는 반면에 구성원들의 피로도는 상대적으로 늘어가기 때문에 신중을 기해서 운영여부를 검토해야 하며 또한, 피로도를 줄일 수 있는 방법도 강구해야 한다.

● 탄력근무 형태

1교대	2교대	3교대
9시~18시	8시~17시 15시~24시	7시~16시 10시~19시 15시~24시

3. 실험정신을 갖고 조기퇴근제도를 시행해 보라

기본적인 개념은 구성원 스스로가 유휴시간(Idle time)을 줄일 수 있도록 유도함으로써 가동률을 높여서 목표 판매시간(Sold hour)을 달성하고자 하는데 있다.

(1) 제도의 기본원칙
- 매월 일 판매시간을 정해서 실시간으로 일 판매목표를 달성하면 전 직원 조기퇴근

(2) 목표 산정방법
- 최근 3개월간 최고 판매시간의 120% 수준으로 해당 월의 목표를 정하고
- 위킹 데이(Working day) 고려하여 일 판매시간을 산정

이 조기퇴근제도는 보상형식을 금전형태로 하는 것이 아니라 시간의 개념으로 함에 따라서 구성원들에게는 판매시간(Sold)에 대한 공감대를 형성하며 스스로 유휴시간(Idle)을 제어하도록 유도하는데 목적이 있다. 이러한 형태의 제도는 제조업체에서는 많은 성공사례들을 거두었지만 서비스업에서는 환경의 한계가 있어서 성공여부를 판단하기에는 쉽지 않지만 잘 활용하면 분명히 좋은 결과를 가져올 것이다. 아쉽게도 필자의 정비사업소에서는 이제 막 도입하여 시행하고 있기 때문에 피드백을 공유할 수는 없지만 정비사업소 입장에서는 가동률을 높이기 위해서 고민해 볼 만 하다.

[나의 실행계획] 가동률을 높이기 위한 본인의 액션플랜(Action Plan)을 적어보세요.

Action Plan

CHAPTER 02
부품 관리지수 20가지

이것만이라도 꼭 알아두자 !!

1. 부품 가용률 = $\dfrac{\text{부품 즉시 공급수}}{\text{총 부품 주문}} \times 100$

2. 부품 정기 오더율 = $\dfrac{\text{부품 정기주문 line}}{\text{총 부품 주문 line}} \times 100$

3. 부품 마진 = $\dfrac{\text{부품마진(Parts margin)}}{\text{부품매출(Parts Sales)}} \times 100$

4. 부품 영업이익률 = $\dfrac{\text{부품 영업이익(Parts operation profit)}}{\text{부품매출(Parts Sales Revenue)}} \times 100$

5. 장기 재고 = 설정 기간 내 판매가 이루어지지 않은 부품품목

부품 회전율 개념

| 1 | 1 | 창고 보유재고 : 2억원
연간 판매액 : 12억원 | } 6 회전/연 |

12

| 1 | 1 | 1 | 창고 보유재고 : 3억원
연간 판매액 : 12억원 | } 4 회전/연 |

12

**재고보유금액은 낮추고,
　　부품 회전율과 부품 가용률은 높이고**

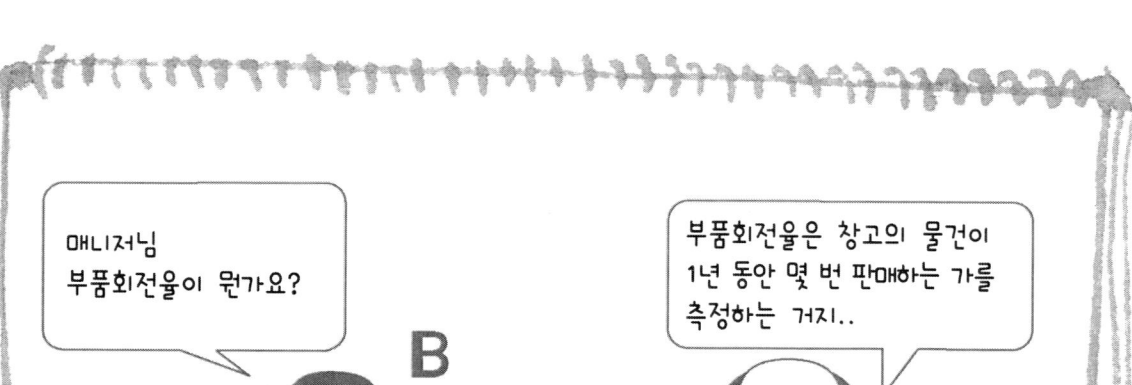

31 부품 손익계산서 구조

정비사업소 내에 공임부서 와 부품 부서가 별도로 존재하는 경우도 있고 그렇지 않고 한 부서로 통합되어 있는 경우도 있지만 여기서는 편의상 부품부서를 별도로 독립하여 설명하고자 한다.

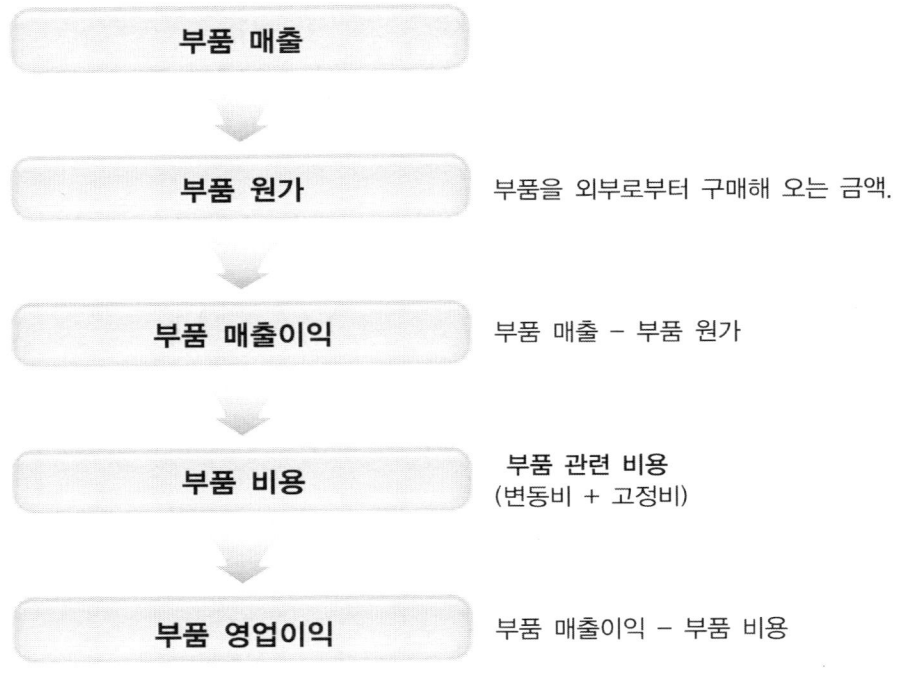

🔺 부품 손익계산서 구조

32 부품 가용률 Parts Availability

이 관리지수는 정비현장에서 부품을 부품부서에 요청했을 때 부품창고에 부품을 재고로 보유하고 있어서 바로 공급해 줄 수 있는 지의 여부를 확인하는 것으로 자동차 제조사 브랜드에 따라서는 '**서비스 레벨**(service level)', '**서비스 공급률**', '**서비스 즉납률**'이라고 부르기도 한다.

정 의　부품창고에서 부품을 보관하여 즉시 불출이 가능한 정도를 나타냄.

산출식
$$\frac{\text{부품 즉시 공급 수}}{\text{총 부품 주문 수}} \times 100$$

$$\frac{\text{총 부품 주문 수} - \text{백 오더(Back order) 주문 수}}{\text{총 부품 주문 수}} \times 100$$

권장수치　$\geq 85\%$

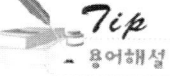
- 부품주문에 따른 구분
 - 총구매 주문 수(Total order line) : 정상구매 주문 + 결품 구매주문
 - 정상 구매주문(Delivery order line) : 정비사업소 창고에 부품이 있는 경우
 - 결품 구매주문(Back order line) : 정비사업소 창고에 부품이 없는 경우

사례 1

서울사업소의 1개월간 부품 총 주문 수는 500건이며 이 중 결품 구매주문이 100건일 경우에 부품가용률은 %인가?

풀이
□ 부품 가용률 = 정상구매 주문/ 총 구매주문 × 100
= (총 구매주문 − 결품 구매주문) / 총 구매주문 × 100
= (500건 − 100건) / 500건 × 100
= 400건 / 500건 ×100
= 80%

[정답] 80%

33 부품 정기 오더율 Parts stock %

이 관리지수는 부품주문의 종류에서 정기적인 주문을 권장하는 취지에서 부품 정기 오더율을 관리한다. 이는 부품을 공급하는 입장에서는 정기적인 주문을 통한 부품 배송비를 절감하고자 하는 목적이 있으며 부품을 공급받는 입장에서는 부품의 결품이 생기지 않도록 재고관리를 함으로써 부품 가용률을 높이고 고객만족을 향상시키기 위함이다.

정 의 부품 주문 중에 정기주문이 차지하는 비중을 가능한 높이고자 관리함.

산출식 $\dfrac{\text{부품 정기주문 수}}{\text{총 부품 주문 수}} \times 100$

권장수치 ≥ 80%

Tip 용어해설

- **부품주문의 종류**
  - 정기주문(Stock order) : 주1~2회 정기적으로 주문을 통하여 구매
  - 수시주문(Daily order) : 결품 발생시 매일 단위로 구매요청, 주로 익일 배송
  - 긴급주문(VOR order, Emergency order) : 긴급 결품 발생시 구매요청, 주로 당일 배송

▼ 부품 주문 종류에 따른 비중관리

주문 유형	월별 출고 라인								총합계	
	Jan		Feb		Mar		Apr			
	총 출고라인	비율	총 출고라인	비율	총 출고라인	비율	총 출고라인	비율	총 출고라인	비율
긴급	-	0.0%	15	0.97%	12	1.69%	8	1.45%	35	1.20%
수시	-	0.0%	97	6.26%	400	56.18%	342	62.07%	839	28.81%
정기	99	100.0%	1438	92.77%	300	42.13%	201	36.48%	2038	69.99%
총합계	99		1,550		712		551		2,912	

사례 1

서울사업소의 1개월간 부품 총 주문수는 500건이며 이 중 정기주문은 450건, 수시주문은 30건, 긴급주문은 20건인 경우에 정기 주문율은 몇 % 인가?

풀이 □ 정기 주문율 = 정기주문건수 / 총 주문건수 × 100
= 450건 / 500건 × 100
= 90%

[정답] 90%

 성공하는 서비스관리자가 되기 위한 꿀팁!

　부품을 공급하는 입장에서는 부품창고에서의 운영 효율을 높이기 위해서 정기주문인 경우에는 계획된 물류이동을 통하여 비용을 줄일 수 있기 때문에 이에 따른 몇 가지 장려 정책을 활용하고 있다. 그 예로서 정기주문인 경우에는 부품마진을 높여줄 뿐만 아니라 배송비를 일부 할인 또는 면제 해주기도 하며 부품정기 주문율을 딜러를 평가하는 항목에 포함시킴으로서 전반적으로 부품 정기 오더율 증가를 독려하고 있는 것이다.

　하지만 부품 담당자의 입장에서 무조건 정기 오더율을 증가하고 부품 가용률을 높이기 위해서 재고를 늘릴 수는 없는 것이다. 왜냐하면 부품 재고에 대한 이자비용 등이 발생하기 때문이다. 이러한 것을 보완하는 관리지수가 바로 부품회전율이다. 여러 가지 부품관련 KPI를 조화 있게 관리하는 것이 유능한 부품담당자라고 할 수 있는 것이다.

34 부품 회전율(1) 총 구매액 기준

이 관리지수는 1년간 부품창고내의 재고를 활용해서 몇 번을 회전 가능한지의 정도를 측정하고자 하는 것으로 기준을 1년간 ① **총구매** ② **순구매** ③ **부품판매**에 따라 구분할 수 있으며 여기서는 총 구매기준으로 회전율을 구하는 것이다. 여기에서 총 구매기준이란, 정기주문, 수시주문, 긴급주문을 모두 포함하는 것이다.

정 의	부품창고 내의 재고가치를 기준으로 연간 총구매 기준으로 몇 번의 구매가 이루어지는가를 관리함
산출식	연간 환산 부품 총 구매액(원가기준) / 월 평균 재고가치(원가기준)
권장수치	별도의 회사기준에 따른다.

- **부품 재고 가치(Parts Stock Value)**
  - 부품창고에 보관중인 부품의 가치를 금액으로 환산한 것으로 구매가 기준이다.
  - 구매되는 시기에 따라서 구매원가가 달라질 수 있음으로 이는 이동평균법에 따라 시스템에서 자동으로 계산되어 지게 된다.
  - 부품 재고 가치는 장기 재고, 감가 상각된 재고도 포함하고 있는 수치이다.

사례 1

서울사업소의 1년간 재고 구매액은 12억 원이었으며 평균 재고금액(원가)은 2억 원인 경우에 부품회전율은 얼마인가?

풀이
□ 부품회전율 = 연간 환산 부품 구매액 / 재고가치
= 1,200,000,000원 / 200,000,000
= 6.0 회전

[정답] 6.0회전

35 부품 회전율(2) 실 구매액 기준

이 관리지수는 1년간 부품창고내의 재고를 활용해서 몇 번을 회전 가능한지의 정도를 측정하고자 하는 것으로 기준을 1년간 실 구매기준으로 회전율을 구하는 것이다.

여기에서 **실 구매기준**이란, 수시주문과 긴급주문을 제외한 정기주문만을 계산하는 것이다. 그 이유는 수시 및 긴급은 평소에 부품창고에 없음으로 이 부분 만큼은 제외한다는 의미이다.

정 의	부품창고 내의 재고가치를 기준으로 연간 실 구매 기준으로 몇 번의 구매가 이루어지는가를 관리함
산출식	$\dfrac{\text{연간 환산 부품 실 구매액(원가기준)}}{\text{월평균 재고가치(원가기준)}} \times 100$
권장수치	별도의 회사기준에 따른다.

사례 1

서울사업소의 1년간 재고 구매액은 12억 원이었으며, 이중 정기주문이 10억원이며 평균 재고금액(원가)은 2억 원인 경우에 부품회전율은 얼마인가?

풀이 □ 부품회전율 = 연간 환산 부품 실 구매액 / 재고가치
  = 1,000,000,000원 / 200,000,000
  = 5.0 회전

[정답] 5.0회전

36 부품 회전율(3) 판매 기준

이 관리지수는 1년간 부품창고 내의 재고를 활용해서 몇 번을 회전 가능한지의 정도를 측정하고자 하는 것으로 기준을 1년간 판매 기준으로 회전율을 구하는 것이다.

일반적으로 **부품회전율**이라 함은 여기에서 말하는 판매액 기준으로 산출하는 것이다.

정의	부품창고 내의 재고가치를 기준으로 연간 부품 판매 기준으로 몇 번의 판매가 이루어지는가를 관리함
산출식	$\dfrac{\text{연간 환산 부품 판매액(원가기준)}}{\text{월 평균 재고가치(원가기준)}} \times 100$
권장수치	별도의 회사기준에 따른다.

사례 1

서울사업소의 1년간 부품 판매액(원가)은 11억 원이었으며 평균 재고금액(원가)은 2억 원인 경우에 부품회전율은 얼마인가?

풀이
□ 부품회전율 = 연간 부품 판매액 / 재고가치
   = 1,100,000,000원 / 200,000,000
   = 5.5 회전

[정답] 5.5회전

 성공하는 서비스관리자가 되기 위한 꿀팁!

연중에 부품회전율을 계산하는 경우에는 해당월까지의 월평균 구매원가를 우선 구하고 12개월을 곱하여 연간 구매원가를 산출한다. 또한 부품재고는 편의상 실무에서는 산출하는 월의 월초재고와 월말재고의 평균값으로 재고가치를 계산한다.

Notes

G 부품 원가의 개념

"세상에 밑지는 장사는 없다."

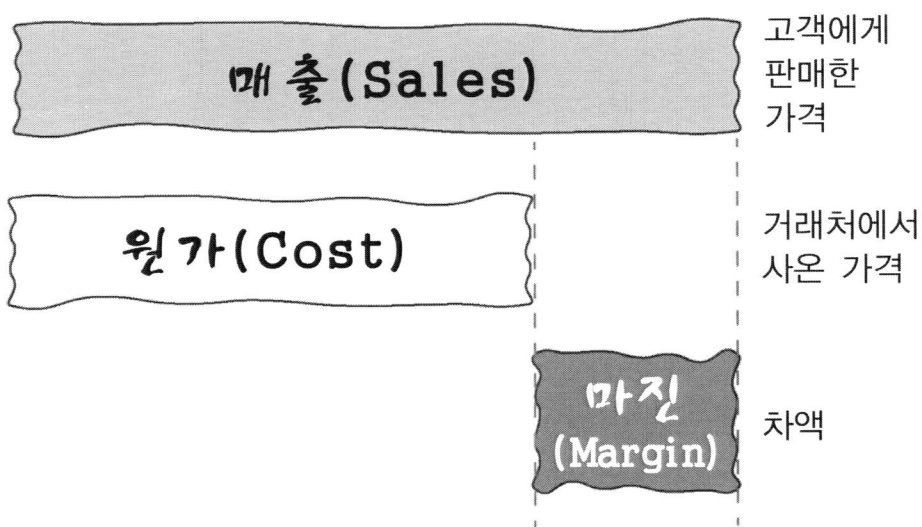

"끊임없이 변하는 원가"

[1일차 구매] 100원, 2개 → 원가 : 100원

[2일차 구매] 200원, 3개
(100×2 + 200×3)/5 → 원가 : 160원

[3일차 구매] 300원, 1개
(100×2 + 200×3 + 300×1) / 6 → 원가 : 183원

매출은 올리고↑, 원가는 낮추고↓

부품 부서 비용률
Parts Department Expenses %

이 관리지수는 부품부서에서 발생하는 전체 비용을 총괄하여 일컫는 용어이며 일반적으로 **직접비용**(Direct expenses)이라고도 한다. 부품 부서의 원가는 명확하게 부품을 구매한 금액으로 명확하기 때문에 공임부서와는 다르게 명확하게 구분된다. 부품부서의 비용은 변동비용이 발생하지 않기 때문에 모두 고정비로 보면 된다.

정 의	부품부서에서 사용하는 전체 비용
산출식	$\dfrac{고정비}{부품매출} \times 100$
권장수치	별도의 회사기준에 따른다.

사례 1

서울사업소의 한 달 동인 부품매출은 200,000,000원이며 비용은 50,000,000원인 경우 부서 비용률은 몇 % 인가?

풀이 □부품 부서 비용률 = (비용) / 부품매출 × 100
= 50,000,000원 / 200,000,000원 × 100
= 25%

[정답] 25%

 성공하는 서비스관리자가 되기 위한 꿀팁!

부품부서 비용은 자동차 제조사 브랜드에 따라서 정비사업소 내 간접인력(어드바이저, 서비스지원, 수납 등)에 대한 비용은 간접비용(Overhead cost)으로 부품부서의 비용으로 인식하는 경우도 있다.

38 부품 원가 Parts Cost of sales

이 관리지수는 정비사업소의 부품 부서의 부품을 구매하는데 소요된 금액의 합을 말한다. 일반적으로 구매가에 구매를 위한 운송료 등의 부대비용을 추가한 금액을 부품원가로 한다.

정 의	부품의 구매하는데 소요된 금액을 합으로 정의한다.
산출식	실제구매 금액 + 구매에 소요된 부대비용
권장수치	별도의 회사기준에 따른다.

※ 자동차 제조사 브랜드에 따라 다를 수 있다.
IBP (Importer Base Price) : 임포터의 구매원가(부대비용 미포함)
IBP+(Importer Base Price Plus) : 임포터의 구매원가(부대비용 포함)
DBP (Dealer Base Price) : 딜러 구매원가
RBP (Retail Base Price) : 소비자가

 성공하는 서비스관리자가 되기 위한 꿀팁!

  부품의 구매원가는 같은 부품이라도 주문방식에 따라서 다를 수 있음으로 가능하면 정기주문을 통하여 최소의 구매원가를 유지해야 결론적으로 소비자가는 정해져 있음으로 그 차이인 부품마진을 최대한 확보할 수 있는 것이다.
  또한 이러한 부품원가를 기초로 자주 판매되는 부품들과 자주 판매되지 않는 부품 재고원가를 구분하여 관리함으로써 효율적인 부품관리를 할 수 있는 것이다. 최소한 1달에 1번은 부품재고금액을 확인하고 부품회전율, 부품 가용률, 부품 정기 오더율, 장기재고 등은 유지 관리해야 한다.

39 부품 마진 Parts margin

이 관리지수는 부품 매출과 부품 원가를 활용하여 부품 마진(부품매출 이익)을 산출하며 이외에 부품 부서 비용을 추가하여 부품부서의 영업이익을 관리하기도 한다.

정 의	부품 매출에서 부품 원가 및 부품 비용을 공제하여 부품 부서의 수익 정도를 산출하고자 함
산출식	부품 매출(Parts sales) − 부품원가(Parts costs)
권장수치	별도의 회사기준에 따른다.

Tip 용어해설

- **부품 원가(Parts Cost)**
  - 부품을 외부로부터 구입하는 경우 구매가를 말함.
  - 세부적으로는 구매 진행에 따른 운송료 등의 구매 시 발생하는 제반 비용도 원가로 포함하는 경우가 일반적이다.

- **매출 이익**(마진, Sales profit, margin) : 매출 − 원가
- **영업 이익**(Operation profit) : 매출이익 − 비용
- **경상 이익**(Ordinary profit, Net profit) :
  영업이익 + 영업외수익(수입 이자 등) − 영업외비용(지급 이자 등)

사례 1

서울사업소의 1개월간 부품매출은 200,000,000원이며 부품원가는 150,000,000원인 경우에 부품매출이익(부품마진)은 얼마인가?

풀이
- 부품매출 : 200,000,000원
- 부품원가 : 150,000,000원
- 매출이익(부품마진) = 부품매출 − 부품원가
  = 200,000,000원 − 150,000,000원
  = 50,000,000원

[정답] 50,000,000원

40. 부품 마진율 Parts margin %

이 관리지수는 부품의 마진 정도를 나타내는 관리지수로서 일반적으로 부품 구매 방법에 따라서 부품마진율이 정해지는 경우가 대부분이며 정기주문인 경우 수시주문이나 긴급주문보다 높은 부품마진율을 형성함에 따라 정기주문을 유도하고 있다. 일반적으로 수시주문 및 긴급주문은 운송비도 정기주문보다 높다.

정 의	부품매출 대비하여 부품의 마진 비율을 산출
산출식	$\dfrac{\text{부품마진 (Parts margin)}}{\text{부품매출 (Parts Sales)}} \times 100 = \dfrac{\text{부품 매출} - \text{부품원가}}{\text{부품매출}} \times 100$
권장수치	$\geqq 27\%$

사례 1

서울사업소의 1개월간 부품매출은 200,000,000원이며 부품 원가는 150,000,000원인 경우에 부품마진율은 얼마인가?

풀이
- 부품매출 : 200,000,000원
- 부품원가 : 150,000,000원
- 부품마진 = 부품매출 − 부품원가
  = 200,000,000원 − 150,000,000원 = 50,000,000원
- 부품마진율 = 50,000,000원 / 200,000,000원 × 100 = 25%

[정답] 25%

 성공하는 서비스관리자가 되기 위한 꿀팁!

부품마진율은 부품구매 방법(정기주문/긴급주문)에 따라서 마진율이 달라지기도 하지만, 작업 유형에 따라서 부품마진이 달라지기도 한다. 쉽게 이해하자면 예를 들어 일반수리 부품마진은 약 20% 정도라면 보증수리 부품마진은 약 10% 정도라고 보면 된다. 브랜드에 따라서는 보증수리 부품마진이 전혀 없는 브랜드도 있다. 또한 브랜드에 따라서 사고차 부품인 경우에는 부품회전율이 낮음으로 부품마진을 추가로 보상해 주기도 한다.

41 부품 영업이익 Parts operation profit

이 관리지수는 부품매출의 수익률을 나타내는 지수로서 **부품 ROS**(Return on Sales in Parts)로 불려 지기도 한다. 부품 매출에서 부품 영업이익을 산출하기 위한 부품원가, 부품 고정비는 자동차 제조사에 따라서 그 기준이 달라질 수 있음으로 해당 제조사의 내부 규정을 확인해야 한다.

정 의	부품매출에 대한 최종 수익을 산출
산출식	부품 매출이익(Labor Sales Profit) − 부품비용(Labor expenses) = 부품 매출이익 − (부품 고정비용)
권장수치	별도의 회사기준에 따른다.

- ROS(Return on Sales) : 매출액에 대한 수익의 비율이다.

사례 1

서울사업소의 1개월간 부품매출은 200,000,000원이며 부품 원가는 150,000,000원, 부품비용은 30,000,000원인 경우에 부품 영업이익은 얼마인가?

풀이
- 부품매출 : 200,000,000원
- 부품원가 : 150,000,000원
- 부품비용 : 30,000,000원
- 부품영업이익 = 부품매출 − 부품원가 − 부품비용
  = 200,000,000원 − 150,000,000원 − 30,000,000원
  = 20,000,000원

[정답] 20,000,000원

42. 부품 영업이익률
Parts operation profit %

이 관리지수는 부품 매출의 수익률을 나타내는 지수이다.

정 의	부품 매출에 대한 수익률을 산출
산출식	$\dfrac{\text{부품 영업이익 (Parts operation profit)}}{\text{부품 매출 (Parts Sales Revenue)}} \times 100$
	$= \dfrac{\text{부품 매출이익} - \text{부품 비용}}{\text{부품 매출 (Parts Sales Revenue)}} \times 100$
	$= \dfrac{(\text{부품 매출} - \text{부품 원가}) - \text{부품 비용}}{\text{부품 매출 (Parts Sales Revenue)}} \times 100$
권장수치	$\geqq 13\%$

사례 1

서울사업소의 1개월간 부품 매출은 200,000,000원이며 부품 원가는 150,000,000원, 부품 비용은 20,000,000원인 경우에 부품 영업 이익률은 얼마인가?

풀이

- 부품 매출 : 200,000,000원
- 부품 원가 : 150,000,000원
- 부품 비용 : 20,000,000원
- 부품 영업 이익률

$$= \dfrac{(\text{부품 매출} - \text{부품 원가}) - \text{부품 비용}}{\text{부품 매출}} \times 100$$

$$= \dfrac{[(200,000,000원 - 150,000,000원) - 20,000,000원]}{200,000,000원} \times 100$$

$$= 15\%$$

[정답] 15%

H 부품 장기 재고

"부품판매에도 속도가 있다(km/h)"

- 패스트 무빙파츠
(Fast moving parts)
: 자주 팔리는 부품

- 데드 스탁(Dead Stock)
: 거의 안 팔리는 부품

문제는 요놈

주기적인 관찰 및 액션 필요

(1) 할인판매
(2) 반품
(3) 폐기

선택과 집중, 버리는 것도 기술

부품도 유통기한이 있나요?

입출고 현황

입출고 되는 시점에 따라 구분되지

부품재고

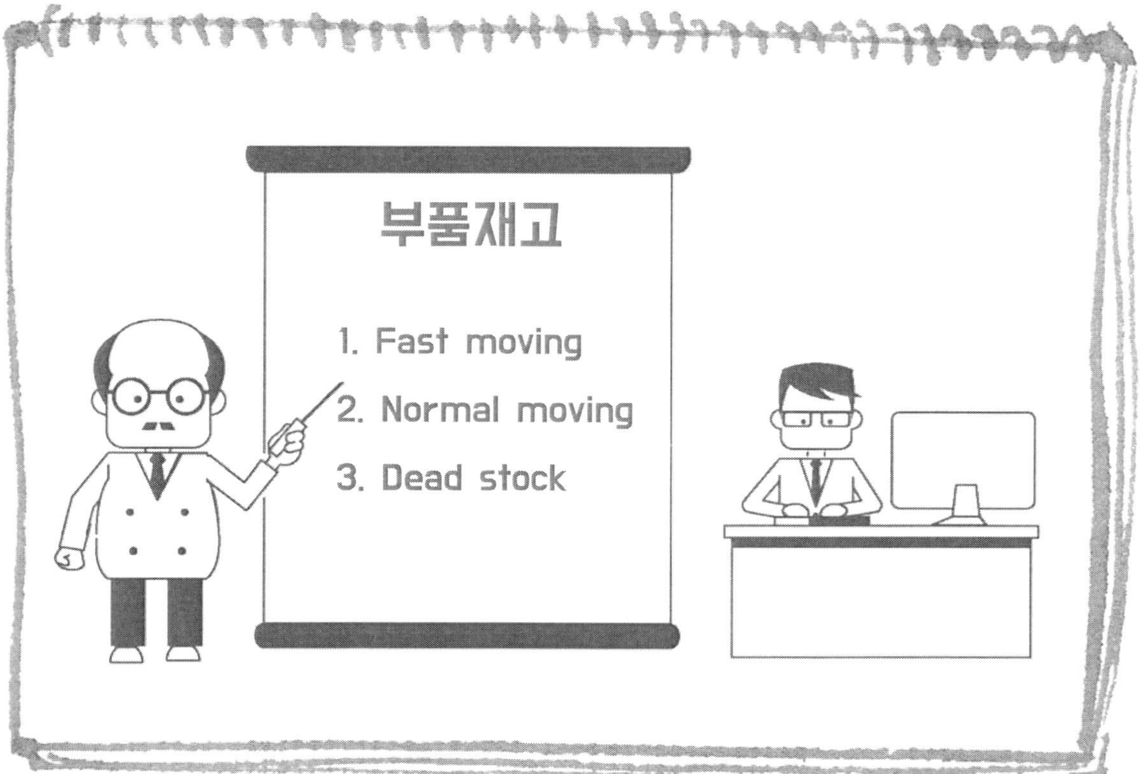

부품재고

1. Fast moving
2. Normal moving
3. Dead stock

43 부품매출 Mix(판매 채널별)

이 관리지수는 부품매출의 판매 구성비를 나타내는 것으로 공임은 판매시간으로 구성비를 구분하는 반면 부품은 금액으로 구성비를 계산한다.

정비사업소의 규모 및 형태에 따라서 그 구성이 다를 수 있지만 여기서는 크게는 2가지로 구분하고 세부적으로 보면 8가지로 구분된다.

① **직접판매**
② **정비사업소 판매**(일반 / 보험 / 보증 / 캠페인 / 쿠폰 / 사내)

정 의	부품매출을 판매하는 대상에 따라서 부품판매금액의 구성비를 나타내는 것이다.
산출식	$\dfrac{\text{판매 대상 별 금액}}{\text{총 부품매출}} \times 100$
권장수치	별도의 회사기준에 따른다.

- ● 판매대상은 크게 주로 2가지로 구분
  - **직접판매(카운터 판매)** : 고객이 부품카운터에 방문하여 구매하는 경우
    [예] 차량소유주, 일반 정비공장
  - **정비사업소 판매** : 정비사업소를 통하여 판매하는 경우
- ● 정비사업소 판매의 판매대상을 좀 더 세분하여 보면
  - **외부수리** : 작업비가 외부에서 지급되는 경우 [예] 일반수리, 보험수리
  - **내부수리** : 작업비가 내부에서 지급되는 경우 [예] 보증수리, 캠페인, 정비쿠폰, 사내수리

사례 1

> 서울사업소의 1개월간 부품매출은 200,000,000원이며 직접 판매(카운터 판매)는 10,000,000원이며 나머지는 정비사업소 판매일 경우 판매 채널 별 비중은 얼마인가?
>
> **풀이** □ 직접판매(카운터매출) 비중 = 10,000,000원 / 200,000,000원 × 100 = 5%
> □ 정비사업소 매출 비중 = 190,000,000원 / 200,000,000원 × 100 = 95%
> [정답] 직접판매(카운터) : 정비사업소 = 5% : 95%

월간 부품담당자당 부품판매매출
Sales revenues per employee/month

이 관리지수는 부품 매출의 규모를 확인함으로써 적정한 부품담당자 인력 수를 산출하고 또한 부품담당자 수에 따른 적정한 부품판매 목표를 설정할 수 있다.

정 의	부품 담당자당 부품판매 매출
산출식	$\dfrac{\text{부품 매출액 (Parts Sales Revenue)}}{\text{부품 인원수 (The number of Parts clerks)}} \times 100$
권장수치	$\geqq$ 90,000,000원

- 부품인원수(The number of parts clerks)
  - 부품매니저, 부품 어드바이저, 부품 창고인원을 모두 포함한 인원수이다.

사례 1

서울사업소의 1개월간 총 부품매출은 200,000,000원이며 부품 담당자는 2명인 경우에 인당 부품판매액은 얼마인가?

풀이
- 총 부품매출 : 200,000,000원
- 부품담당자수 : 2명
- 인당 부품매출 = 부품매출 / 부품 인원수 ×100
  = 200,000,000원 / 2명 × 100
  = 100,000,000원/명

[정답] 100,000,000원/명

45. 부품 재고액 Parts Stock value

이 관리지수는 여러 가지 부품관련 KPI의 기본이 되는 것으로서 관리자의 입장에서는 실시간으로 현재 부품창고에 운영중인 부품금액 및 품목 수 정도는 항상 인지하고 있어야 한다.

또한 부품의 재고금액은 항상 소비자가 아닌 구매원가를 기준으로 산출되어야 한다.

정 의	부품창고에 운영중인 부품의 금액
산출식	부품 원가금액 부품 품목 수 부품수량
권장수치	별도의 회사기준에 따른다.

 성공하는 서비스관리자가 되기 위한 꿀팁!

부품관리자가 항상 고민해야 하는 것은 적정 재고금액이 얼마인지를 산출해 내야 하고 회전하지 않은 품목을 찾아내어 교체함으로서 부품 가용률을 지속적으로 높여야 한다.

재고금액은 많은데 부품 가용률이나 회전율이 낮거나 하는 것은 전적으로 부품관리자의 역량이 부족해서 임을 인지하고 부품 KPI를 유지 관리하고 개선을 위한 고민을 통해서 전체적인 정비사업소가 효율적으로 운영이 되는 것이다.

46 장기 재고 Obsolete Stock

이 관리지수는 장기 재고를 파악하여 감손 처리하거나 폐기함으로써 부품재고의 건정성을 유지하고자 하는 것이다.

부품의 감손처리나 폐기는 회사 규정에 따라서 다르지만 보통 2년을 기준으로 처리한다. 다만 우선적으로 부품의 구매한 곳으로 반품이 가능한지를 검토를 한 후에 반품이 불가 할 경우에 한하여 내부 처리해야 한다.

정 의	부품창고에 운영중인 부품 중에 장기재고 품목을 관리함
산출식	설정기간 내 판매가 이루어지지 않은 부품품목
권장수치	별도의 회사기준에 따른다.

Upgrade 성공하는 서비스관리자가 되기 위한 꿀팁!

부품재고는 빈번하게 판매가 되는 품목이 있는 반면에 판매 빈도수가 현저히 낮은 품목이 있음으로 이러한 빈도수를 그룹핑하여 주기적으로 관리해야 할 필요가 있다.

또한 이러한 관리는 최소 1년에 1회 정도는 잘 판매되지 않은 품목의 가치 조정(Value down) 또는 폐기(Scrap) 등이 고려되어야 한다.

(예) 재고품목을 3가지로 그룹핑
① Fast moving (1개월 이내 판매)
② Normal moving (2개월 ~ 6개월 내 판매)
③ Dead stock (6개월 초과 미판매)

부품을 파기하는 것은 실무적으로 항상 어려운 의사결정에 부딪히게 된다. 부품 매니저의 입장에서는 부품창고의 공간 활용도를 높이고 부품 가용률을 높이기 위해 주기적인 파기가 필요하지만 대표의 입장에서는 웬 지 생돈 날리는 기분이 들기 때문이다. 하지만 장기적으로는 빨리 폐기처분하고 운영효율을 높이는 것이 이득인 것이다. 보통은 연 1회 정도 재고의 3% 정도를 폐기 처분하는 것을 권장한다.

47 부품 재고조정 Parts Stock Adjustments

이 관리지수는 전장의 장기재고 항목과 마찬가지로 부품의 건전성을 유지하기 위하여 주기적으로 부품의 재고를 조정하는 것이다.

보통은 매월, 매분기에 재고조정을 하는 경우도 있지만 일반적으로 1년에 1회씩 연말에 부품재고 실사를 통하여 부품 재고조정을 한다.

정 의	부품창고의 실물과 전산상의 재고를 확인하여 부품창고의 실물에 재고를 맞춰서 조정하는 것이다.
산출식	전산상의 부품재고 + 남는 품목 - (모자라는 품목 + 파손된 부품)
권장수치	별도의 회사기준에 따른다.

- 부품 재고조정 대상항목
  - 실물과 전산상의 장부에 차이가 발생한 경우
  - 부품의 파손이 발생한 경우
  - 장기적으로 판매가 이루어지지 않은 경우

- 일시 : 2017.11.11(토) 09:00 ~ 15:00
- 인원 : 총 5명
- 검수방법 : 전수검사 (총 2422 Item)
- 검수결과

구분	Item	Q'ty	amount	remark
과잉	7	21	2,480,300	정기가
손실	16	51.5	- 2,223,555	정기가
재고상이	17			확인필요
계			256,745	

◎ 부품 정기 재고조사 결과(샘플)

Upgrade 성공하는 서비스관리자가 되기 위한 꿀팁!

부품정기 재고조사 후에는 결과에 대한 내용을 정리해서 내부 품의를 거쳐 재고조정을 해야 한다.이때 혹시 부품 창고 내에서 보관 중에 파손이 된 것이나, 정비현장에서 작업 중에 파손된 것 등을 미리 실물확보 및 정리자료를 통하여 같이 재조고정 내역에 포함시켜야 한다.

전산재고와 실재고가 맞지 않는 경우는 적절한 시기에 발주가 이루어지지 않게 되며 부품 공급률 하락이나 장기 재고(Dead stock)가 생길 수 있다. 정기 재고조사만 하는 것으로는 한계가 있음으로 추가로 재고 조정하는 방법이 있다.

재고조정 리스트를 만들어 전산재고와 달리 실재고가 없는 경우가 발생시 즉시 전산상으로 즉시 조정하고 리스트는 월1회 품의를 받아 수정하는 방식이다.

추가적으로 매일 부품선반의 일부를 재고 조사하여 반영하여 연간 2~3회 전체 재고를 맞추는 방식을 통해서 효율적인 창고 재고관리를 할 수 있다.

부품의 재고유무의 정확한 정보가 없을 경우 고객 불만과 정비사의 대기시간 증가 등 부작용이 발생할 수 있기 때문에 관심을 가져야 하는 부분이고 이것이 증가할 경우 공장 업무 프로세스를 점검하여 사전에 방지하여야 한다.

부품매출 비교 분석(월별추이)

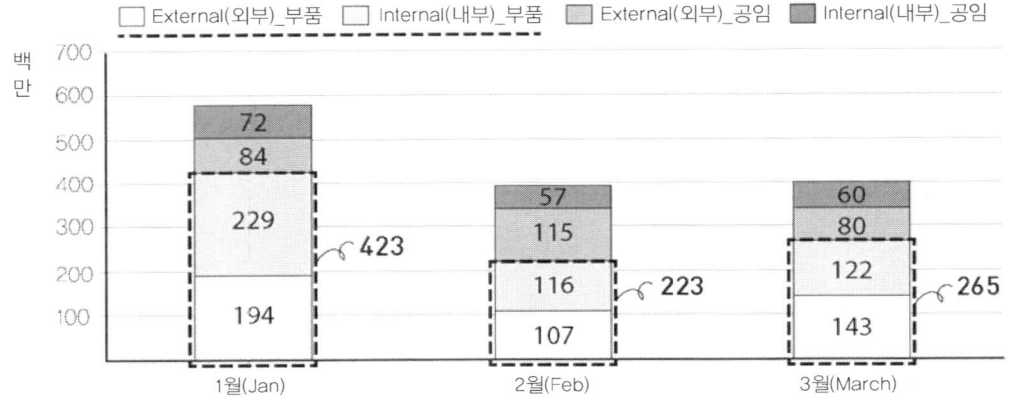

△ 부품매출 비교: 월별추이

- 전월 대비 향상되었는가?

- 워킹데이 고려하여 일당 매출은 향상되었는가?

- 정비사 변동 고려하여 정비사당 매출은 향상되었는가?

PDA : Plan(계획) Do(실행) Analysis(분석)

48 부품매출 비교(1) 목표대비 달성률

이 관리지수는 전년도 말에 정해진 부품목표 대비하여 실제로 발생된 부품매출의 성취 정도를 나타내는 것이다. 정비현장의 관리자라면 매월, 매분기, 매년 주기적으로 확인해야 하는 관리지수이며 조직에 따라서는 일간 또는 주간단위로 달성률을 확인하기도 한다.

정 의 부품목표 대비하여 부품매출의 달성 정도를 관리한다.

산출식 $\dfrac{\text{부품매출}}{\text{부품목표}} \times 100$

권장수치 $\geq 100\%$

사례 1

서울사업소의 3월 부품목표는 226,000,000원이며 실제 부품매출은 223,000,000원을 하였을 경우 부품목표 달성률은 얼마인가?

풀이
□ 부품 목표 달성률 = 부품매출 / 부품목표 × 100
= 226,000,000원 / 223,000,000원 × 100 = 99 %

[정답] 99%

	당 월		
	부품(Psrts)	공임(Labor)	소계(sub-total)
목표(Target)	226,000,000	91,000,000	317,000,000
외부(EX)	91,000,000	68,000,000	159,000,000
내부(IN)	135,000,000	23,000,000	158,000,000
실적(Sales)	223,469,894	92,783,618	316,253,512
외부(EX)	107,178,270	65,332,368	172,510,638
내부(IN)	116,291,624	27,451,250	143,742,874
달성률(%)	99%	102%	100%
외부(EX)	118%	96%	108%
내부(IN)	86%	119%	91%

◎ 부품매출 비교(1) : 목표 대비

49 부품매출 비교(2) 월별추이

이 관리지수는 부품매출의 월별추이를 확인함으로써 전반적으로 다른 달과의 차이를 분석하는 것이다. 추가적으로 매달 일 하는 날 수(워킹데이, Working day)가 다름으로 인하여 일 평균 부품매출을 비교하기도 한다.

정 의	부품매출의 월별 추이를 파악한다.
산출식	부품매출 vs 전월 부품매출 $\dfrac{\text{부품매출}}{\text{전월 부품매출}} \times 100$
권장수치	별도의 회사기준에 따른다.

사례 1

서울사업소의 3월 부품매출은 265,000,000원을 하였으며 전월(2월) 부품매출은 223,000,000원 경우 전월 대비 성장률은 얼마인가?

풀이
□ 전월 대비 부품매출 = 당월 부품매출 / 전월 부품매출 × 100
　　　　　　　　　 = 265,000,000원 / 223,000,000원 × 100 = 119 %

[정답] 전월 대비 119%

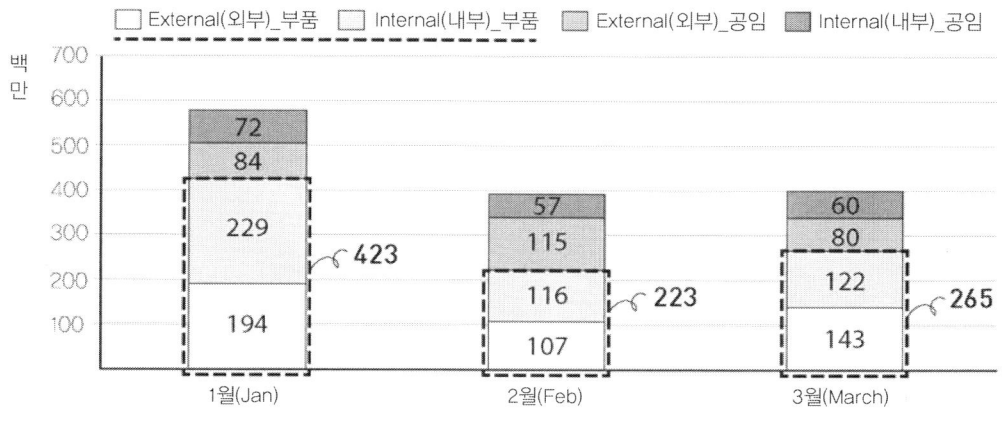

▲ 부품매출 비교: 월별추이

50 부품매출 비교(3) 전년월평균, 올해 월평균

이 관리지수는 현재 달성한 부품매출의 수준이 단순히 목표대비로만 평가하는 것이 아니라 전년도와 올해에서의 수준을 같이 평가하는 것이다.

정 의	부품매출을 전년도 월평균과도 비교하고 올해 월평균과도 비교하여 종합적인 위치를 파악하고자 함이다.
산출식	부품매출 vs 전년 월평균 부품매출 vs 올해 월평균 부품매출 $$\frac{부품매출}{전년\ 부품매출\ 월평균} \times 100$$ $$\frac{부품매출}{올해\ 부품매출\ 월평균} \times 100$$
권장수치	별도의 회사기준에 따른다.

사례 1

서울사업소의 3월 부품매출이 250,000,000원을 하였을 경우 전년 및 올해 대비수준은?
(전년 부품매출 평균은 100,000,000원, 올해 공임매출 평균은 200,000,000원)

풀이
▫ 전년 부품매출 평균 대비 = 부품매출 / 전년 부품매출 평균 × 100
　　　　　　　　　　　　 = 250,000,000원 / 100,000,000원 × 100
　　　　　　　　　　　　 = 250%

▫ 올해 부품매출 평균 대비 = 부품매출 / 올해 부품매출 평균 × 100
　　　　　　　　　　　　 = 250,000,000원 / 200,000,000원 × 100
　　　　　　　　　　　　 = 125%

[정답] 전년 대비 250%
올해 대비 125%

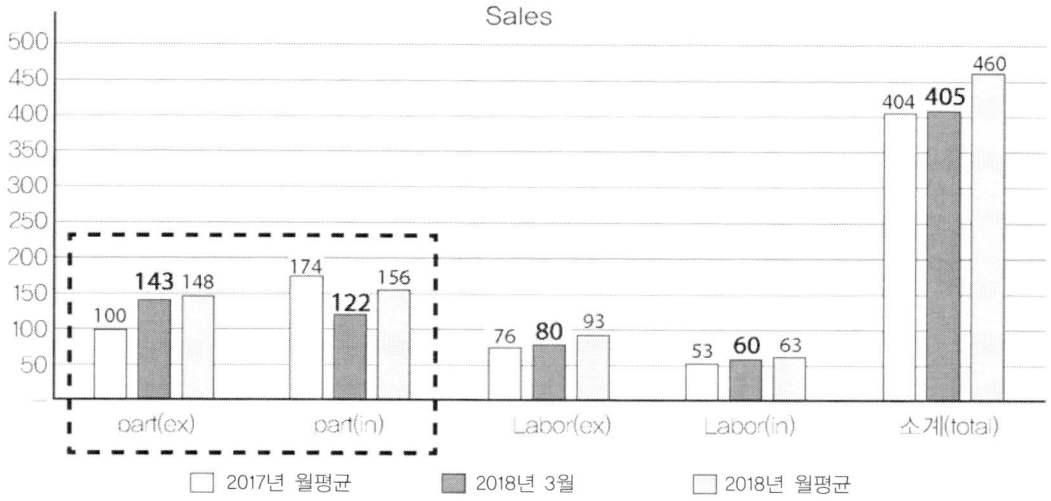

🔺 부품매출 비교 : 전년 월평균, 올해 월평균 [금액 : 백만원]

작업효율을 높이는 Action plan

가동률은 관리자가 해야 할 일라면, 작업효율은 정비사가 해야 할 일이다. 작업효율을 높이기 위해 집중해야 할 것은 우선 정비사의 정비역량을 높이는 것이다. 추가적으로는 정비작업을 위한 불필요한 시간들을 줄이는 것이다. 이러한 작업효율을 높이기 위한 활동들을 몇 가지 소개한다.

1. 정비 사례를 공유하라

정비사가 정비 작업할 때 매번 완벽하게 수리를 할 수 있을까? 그렇지 않다. 늘 고민하고 실수도 하고, 정비매뉴얼도 찾기도 하고 선배에게 물어보기도 하도 그런다. 특히 재 수리등도 간간히 발생하는 것이 정비현장의 실 모습이다. 그렇다면 이러한 정비실수 사례 등을 서로 공유만 할 수 있다면, 그리고 시간이 걸렸던 작업들을 다음 번에는 좀 더 짧은 시간 내에 작업하는 방법을 알 수만 있다면 정비효율은 당연히 급격하게 좋아질 것이다.

하지만 안타깝게도 현실적으로 정비사례를 공유하는 것이 쉬운 일 만은 아니다. 그렇다고 매번 정비사례마다 누군가가 쫓아다니면서 내용을 파악하고 분석하고 정리하는 것이 말처럼 쉽게 되지는 않는다. 특히 이러한 정비사례는 실제 발생했던 정비사가 내용을 정리하는 것이 제일 완벽한 정비사례가 될 것이지만 매일 현장에서 차량을 수리하는 정비사가 컴퓨터 앞에 앉아서 내용을 타이핑하고 편집하는 것이 과연 말처럼 쉽게 되지는 않는다.

이런 경우에 필요한 것이 관리자의 추진력과 정비사들의 공감대 형성 및 지속적인 노력들이다. 우선은 재 작업 사례들을 구성원들과 공유하는 자리를 갖고 정비사례 공유의 중요성을 공감하게 해야 한다. 그런 다음은 정비사들로 하여금 스스로 그들의 이름을 걸고 정비 사례를 작성하고 발표하고 공유하도록 해야 한다. 처음에는 정비사례의 수준이 높지는 않겠지만 서서히 사진도 넣고 진단결과도 넣고 하면서 점점 수준이 높아질 것이다. 여기서 관리자가 신경 써야 할 부분은 결코 중간에 포기하지 말아야 하며 또한 정비사들이 스스로 만든 정비사례를 편집해주어야 한다. 또한 만약 주1건을 목표로 한다면 1년이면 거의 50여건의 정비사례가 모이게 되면 연말에 책으로 제작하여 정비사에게 나눠준다면 더욱 동기부여가 될 것이다. 또한 이렇게 모인 정비사례를 통하여 연말에 필기 평가 또는 실기 평가를 통하여 포상을 실시하는 것도 좋은 방법이다.

필자는 몇 번의 브랜드를 옮기는 과정에서 이러한 정비사례발표를 통하여 정비사들의 정비역량이 빠른 속도로 늘어나는 것을 실제로 체험을 했기 때문에 지금의 브랜드에서도 시행을 하고 있고 향후에도 지속적으로 활용할 계획이다.

아래에 간단하게 '정비사례' 계획(안)을 공유해 본다.

(1) 목적 : 정비사의 정비 사례를 공유함으로써 정비사의 정비역량을 향상시킨다.
(2) 일시 : 매주 금요일 업무 시작 전 15분
(3) 장소 : 회의실
(4) 강사 : 팀 별로 1인 교대선정(정비1팀 → 정비2팀 → 정비3팀)
(5) 기타 : 발표자는 매주 수요일 퇴근 전까지 정비 사례 화일을 이메일로 정비사업소장에게 송부요망

브랜드

(T201802_08)

이 정비기술 사례는 ***에서 작성하였으며 정비 Know-how공유를 위한 참고용 자료입니다.

- 주제 : 3축 디퍼런셜 오일누유
- 해당모델 : ***
- 필요 진단기기(옵션) : 없음
- 특수공구(옵션) : 복스알(box socket) 65mm, 록타이드
- 필요부품(옵션) : 플랜지 요크, 리테이너 씰링, 플랜지 너트
- 작업방법
  1) 3축 팬던 샤프트 탈착
  2) 플랜지 너트 탈착
  3) 플랜지 탈거 후 리테이너 씰링상태 디퍼렌셜 하우징 접촉면 육안으로 확인한다.
     → 리테이너만 확인하는 경우 재작업 발생할 수 있음
- 주의 (리테이너 삽입방법)
  -특수공구를 활용하여 조립한다.
  -특수공구가 없을 경우는 우선 리테이너를 플랜지에 맞추고 초기 결합 후 풀어서 다시 확인 후 완벽하게 조립한다.

[사진 첨부]

| 작성자 | *** | 작성일 | 2018-02-05 | 해당차종 | *** |

**사업소

◊ 정비사례 샘플

2. 제안제도를 활용하라.

작업효율을 높이기 위해 정비현장을 제일 잘 아는 사람은 누구일까요?
정비사업소장? 아님 정비공장장? 아님 사장님?

무엇보다도 작업효율을 높이는 방법을 제일 잘 아는 사람은 정비사일 것이다. 그래서 정비사들의 적극적인 참여을 유도해서 정비사들은 아이디어를 내고 관리자는 그 아이디어를 통해서 실행에 옮기는 아주 간단한 구조이다. 하지만 앞의 정비사례에서와 같이 정비사들이 아이디어를 모아서 종이에 작성해서 제출하는 것이 쉬운 일은 아닌 것이다.

그래서 여기에서도 관리자의 역할이 중요한 것이다. 우선 정비사들이 공감대를 형성할 수 있도록 정비사업소의 실적이나 현황들을 주기적으로 정비사들과 사전에 공유하는 것이 필요하다. 그래야 작업효율을 높이고자 하는 방향성에 모두 공감을 할 수 있기 때문이다.

그 다음에는 '제안 프로그램을 제도화해서 운영해야 한다. 일회성으로 끝나서는 효과를 발휘하기 힘듦으로 최소 1년 정도는 이 프로그램을 운영해야 하며 제출한 아이디어에 대한 내용도 주기적으로 직원들과 공유하여 채택된 것, 검토 중인 것, 불채택 된 것을 명확하게 알려주어야 한다. 또한, 월1회 채택 제안 건에 대한 개인 포상도 잊지 말고 함으로써 해당 제안 건에 대한 제안자의 자부심도 느끼게 해야 한다.

아래에 제안제도에 대한 계획(안)을 공유하니 참고하기 바란다.
(1) 목적 : 작업 효율을 높이기 위한 제안제도 운영
(2) 제안자 : 정비사업소 전체 구성원
(3) 제안건수 : 인당 최소 1건 이상
(4) 기타 : 제안 채택 건에 대해서는 1건당 1개의 Gift 증정

	접수 No	Name (제안자)	Date (제안일자)	Title (제목)	Status(현상태)			Gift
					Drop	On going	Done	
Drop 1	8	***	2018.2.13	Clocking항목 세분화를 통한 실작업시간 분석	▲			
2	12	***	2018.2.13	교육을 통한 차량 지식활용	▲			
3	9	***	2018.2.13	폐 엔진오일 비산 방지용 트레이 제작	▲			
완료 1	23	***	2018.2.8	진단기 內 G폴더 연결(사진보관)			● 2/8	●
2	2	***	2018.2.8	진단기 內 핸드폰 사진 보관용 케이블 구매			● 2/8	●
3	4	***	2018.2.8	현장용 컴퓨터에 부품 카탈로그 설치 운영			● 2/8	●
4	3	***	2018.2.8	차량 Test用 중량물 설치 운영			● 2/8	●
진행 1	1	***	2018.2.8	Fast lane 및 전담정비사 지정운영		◎		
2	21	***	2018.2.21	보증고품용 컨테이너 설치 운영		◎		
3	22	***	2018.2.28	긴급출동시 외부에서 부품재고 조회		◎		
4	24	***	2018.3.6	운전자 교육을 토요일로 몰아서 운영		◎		

▲ 제안제도 아이디어 사례

3. 부품부서와 한통속이 되라.

정비사가 작업효율을 높이기 위해서 정비사만 잘 한다고 되는 것은 아니다. 가장 밀접한 관계를 갖고 있는 부품부서의 전폭적인 지원이 필요한 것이다. 우선 아래의 2가지는 바로 실행을 해보자.

(1) 부품 사전 패킹 제도

아침에 엔진오일을 교환하러 방문한 차량이 입고하여 상담하고 작업지시서를 발행하고 정비사가 부품창고에 가서 부품을 수령하고 작업이 시작하기 까지 얼마의 시간이 필요한가? 최소한 30분은 소요될 것이다.

하지만 만약 작업지시서를 전날 발행하고 해당 정비소모품도 사전에 창고 한편에 박스에 패킹해서 준비해 있다면 정비사가 아침에 작업에 들어가기 위해 소요되는 시간은 약 3분이면 충분할 것이다.

이러한 부품 사전 패킹제도가 물론 모든 작업에 활용되기는 어렵겠지만 사전에 예약된 정비소모품 고객 대상으로는 바로 마음만 먹으면 쉽게 시행할 수 있는 것이다.

지금 당장 부품부서와 협의하여 이 제도를 시행해 보자. 놀랍게도 많은 작업준비시간이 줄어들어 결국에는 작업효율을 높여 줄 것이다.

(2) 부품 배송

정비사가 작업에 투여하는 시간 중에 제일 많은 시간이 소모되는 것은 바로 부품관련 시간일 것이다. 물론 자주 발생하는 부품은 정비사와 부품 담당자간에 쉽게 소통이 되지만 그렇지 않은 부품은 정확하게 정비사 부품명과 부품번호를 찾아주는 행위가 필요하며 심지어는 부품창고에서 부품을 찾아서 정비현장까지 직접 가져와야 하는 일도 자주 발생한다.

만약 부품담당자가 해당 부품을 빨리 찾아주고 필요한 부품을 정비현장까지 배송해 준다면 그 시간에 정비사는 더욱 정비작업에 집중할 수 있으며 작업시간도 단축할 수 있을 것이다.

여기에서 부품담당자의 역할이 매우 중요하다. 역량이 뛰어나 부품담당자 한 사람으로 인해 4~5명의 정비사는 생산성이 놀라울 정도로 올라갈 수 있다. 그럼으로 부품담당자를 채용할 때는 기본적으로 차에 대한 이해와 더불어 암기력 및 응용력이 뛰어난 직원을 채용할 필요가 있다.

[나의 실행계획] 작업효율을 높이기 위한 본인의 액션플랜(Action Plan)을 적어보세요.

Action Plan

CHAPTER 03
서비스 관리지수 20가지

이것만이라도 꼭 알아두자 !!

1 정비사당 처리대수 = $\dfrac{\text{처리대수}}{\text{정비사수}} \times 100$

2 서비스 수익률 = $\dfrac{\text{서비스 매출이익(Sales Profit)} - \text{서비스 비용(Expenses)}}{\text{서비스 매출}} \times 100$

3 고객만족도 점수 = 개별1(설문 항목별 점수 × 가중치) + 개별2 …… : 평균값

4 서비스매출 mix(1) 공임/부품 = $\dfrac{\text{공임매출}}{\text{총 서비스 매출}} \times 100 : \dfrac{\text{부품매출}}{\text{총 서비스 매출}} \times 100$

5 서비스매출 비교(1) 목표대비 달성률 = $\dfrac{\text{서비스 매출}}{\text{서비스 목표}} \times 100$

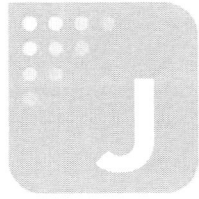

정비사당 처리대수

정비사(차량수리) : 1일 기준

 최소(Mix) (3대)

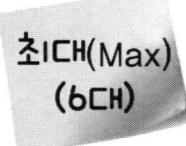 최대(Max) (6대)

※ 브랜드 및 차종에 따라 차이는 있음

[참고문헌] NCS정비경영관리 '인사관리'편

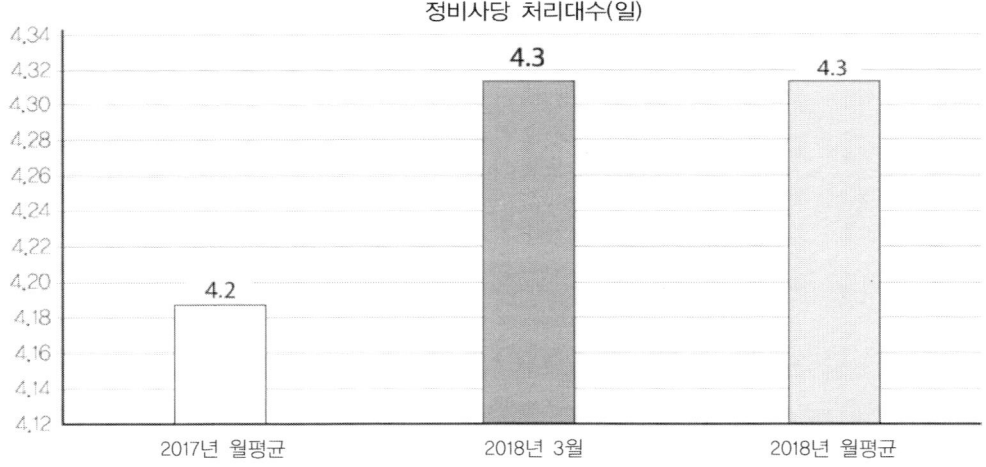

정비사당 처리대수(일)

2017년 월평균	2018년 3월	2018년 월평균
4.2	4.3	4.3

The simple is the best.(쉬운 공감대)

5월 목표

하나도 모르겠어

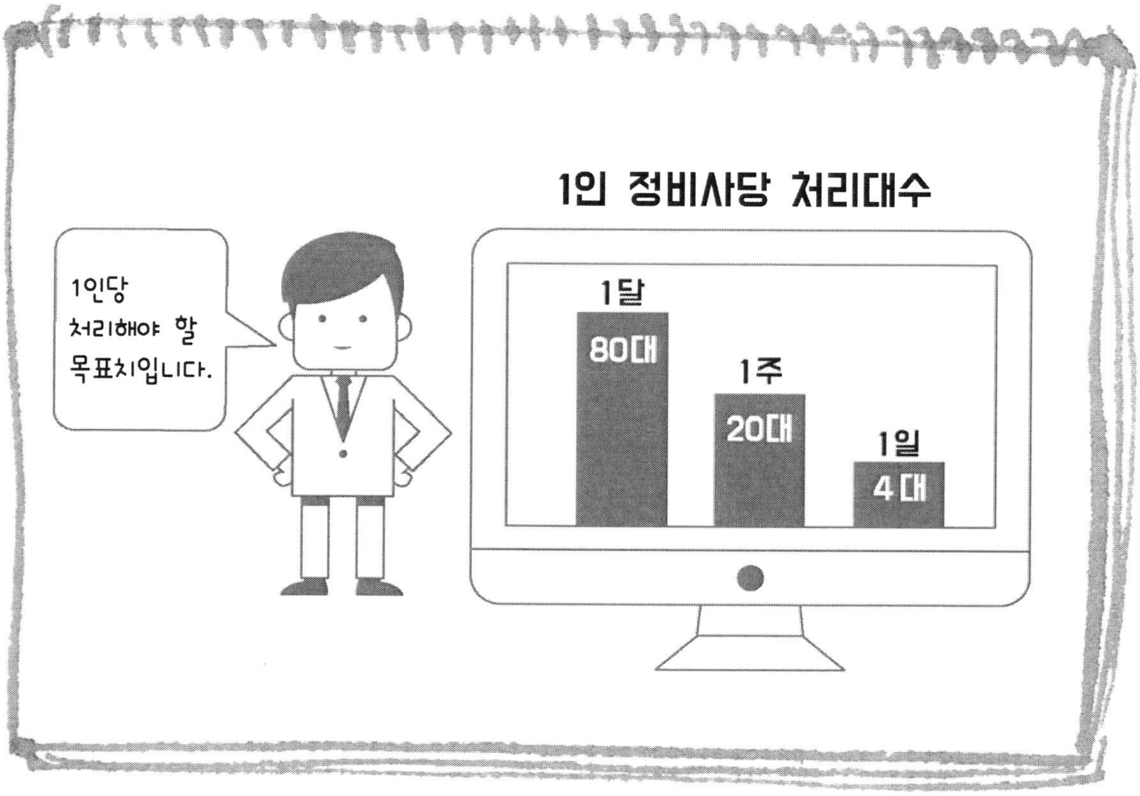

1인 정비사당 처리대수

1인당 처리해야 할 목표치입니다.

1달 80대
1주 20대
1일 4대

51. 서비스 손익계산서 구조

앞에서 언급된 서비스부서 와 부품부서가 합쳐서 하나의 부서를 이루고 있는 경우에 또는 두 부서를 통합하여 손익계산서를 산출하면 아래와 같다.

△ 서비스 손익계산서 구조

52 직접인력 비율 Direct vs. Indirect

이 관리지수는 '직접인력'과 '간접인력'의 비율을 통해서 간접인력이 과도하게 늘어나는 것을 관리하고자 함으로써, 이는 **'생산직원 : 비생산직원'** 이라고도 표현된다.
브랜드 및 규모에 따라서는 추천 비율이 다르기는 규모가 큰 곳은 3 : 1, 규모가 작은 곳은 2 : 1으로 추천하고 있다.

정 의	정비사 등의 직접인력을 지원하는 간접인력의 적정인원수를 규정한다.
산출식	직접인력 : 간접인력 또는 생산인력 : 비 생산인력
권장수치	2 : 1 (규모가 20명 이하), 3 : 1 (규모가 20명 초과)

- 직접인력(Direct, = 생산인력 productive staff) : 정비사, 판금사, 도장사
- 간접인력(Indirect, = 비 생산인력 Non-productive staff) : 서비스매니저, 어드바이저, 수납, 부품, 포맨 등

사례 1

서울사업소의 정비사(판금도장 포함)는 13명이며 어드바이저 등의 간접인력은 6명인 경우에 직접인력과 간접인력의 비율은 얼마인가?

풀이
- 직업인력 = 13명
- 간접인력 = 7명
- 직접인력 : 간접인력 = 13 : 7 = 2.1 : 1

[정답] 2.1 : 1

53 정비사당 서비스 매출

이 관리지수는 서비스매출을 정비사당 계산함으로써 정비사업소간 비교 등을 용이하게 하고 정비사와 서비스매출 목표에 대한 공감대를 형성 할 때 유용하게 활용된다.

정 의 정비사업소 규모에 따른 서비스매출을 상대비교 가능하게 정비사당 서비스매출로 계산한다.

산출식 $$\frac{서비스\ 매출}{정비사\ 수} \times 100$$

권장수치 ≧ 30,000,000원

사례 1

서울사업소의 2월의 서비스 매출은 480,000,000원이며 정비사는 12명인 경우에 정비사당 서비스 매출은 얼마인가?

풀이
- 서비스 매출 = 480,000,000원
- 정비사수 = 12명
- 정비사당 서비스 매출 = 서비스 매출/ 정비사수 × 100
  = 480,000,000원 / 12명 × 100
  = 40,000,000원/인

[정답] 40,000,000원

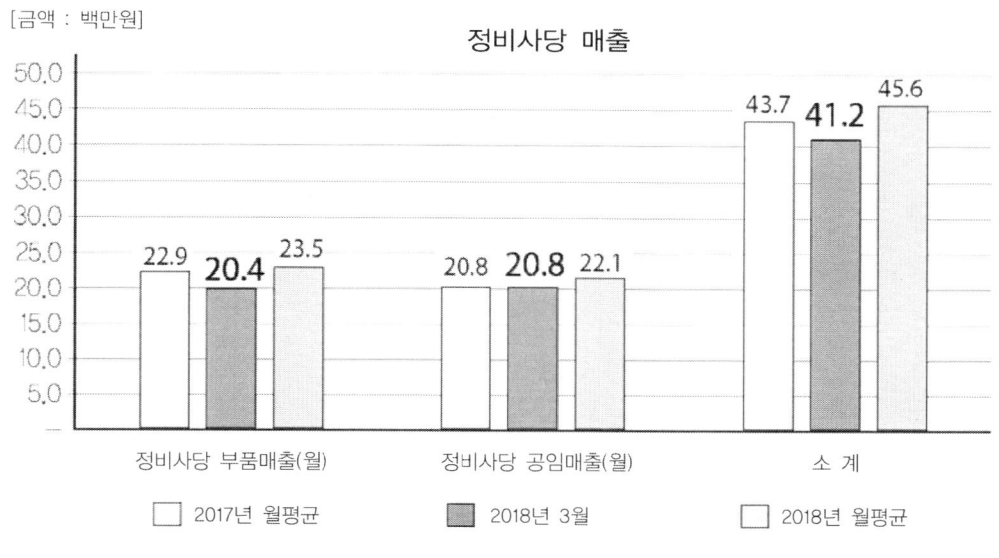

△ 정비사당 서비스 매출

성공하는 서비스관리자가 되기 위한 꿀팁!

정비사당 매출을 활용하여 정비사업소간 상대비교를 하거나 브랜드간 비교를 하는 것은 유용할 수 있으나 정확하다고 할 수 는 없다. 왜냐하면 정비시간 편차가 심하기 때문이다.

예를 들어 20년 된 고참 정비사와 1년 된 신참 정비사를 같은 잣대를 두기에는 정서적으로나 수치적으로 같을 수는 없을 것이다. 하지만 통상적으로는 같은 인원으로 보기 때문에 혹시라도 수치의 오류에 빠지지는 말고, 정비관리의 하나의 KPI로서 참고해야 한다.

또한 서비스 매출은 입고차량의 종류에 따라 다르며 작업유형에 따라서도 편차가 발생한다.

54 정비사당 처리대수

이 관리지수는 앞장의 정비사당 서비스 매출과 마찬가지로 정비사업소간 비교 등을 용이하게 하고 정비사와 하루에 처리해야 할 차량의 대수를 직접적이고 쉽게 공감대를 형성 할 때 유용하게 활용된다.

일반적으로 실 처리대수 보다는 전산상으로 관리되는 작업지시서(RO, Repair Order)를 기준으로 산출되거나 보조적으로 실 처리대수 활용하여 관리한다. 기간은 보통 월간 처리대수 단위로 관리하며 때로는 일간 처리대수로 관리하기도 한다.

정 의	정비사업소 규모에 따른 정비차량의 처리대수를 상대비교 가능하게 정비사당 처리대수로 계산한다.
산출식	$\dfrac{처리대수}{정비사수}$
권장수치	≥ 4대/일 (승용차 기준. 상용차인 경우에는 ≥ 2대/일)

사례 1

서울사업소의 2월의 RO 처리대수는 800건이며 정비사는 12명인 경우에 정비사당 처리대수는 얼마인가?(2월의 워킹데이는 20일)

풀이
- 처리대수 = 360건
- 정비사수 = 12명
- 정비사당 처리대수(월간) = 처리대수 / 정비사수
  = 800대 / 12명
  = 67대 / 인
- 정비사당 처리대수(일간) = 처리대수 / (Working day × 정비사수)
  = 800대 / (20일 × 12명)
  = 3.3대 / (일, 명)

[정답] 3.3대/(일, 명)

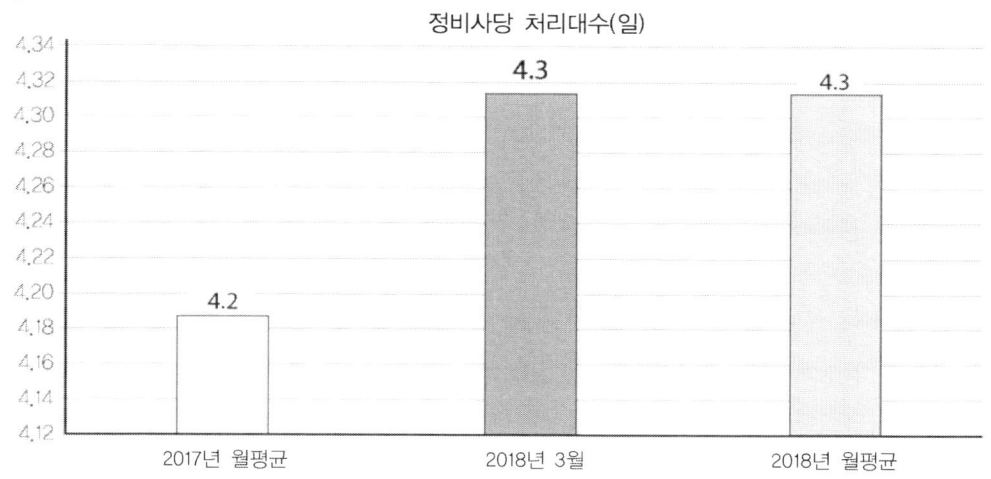

▲ 정비사당 처리대수

Upgrade 성공하는 서비스관리자가 되기 위한 꿀팁!

정비사당 처리대수가 사람중심이라면 '작업장당 처리대수'는 공간중심이라고 할 수 있다. 물론 작업장당 정비사수가 1:1로 매칭되어 있다면, 정비사당 처리대수와 작업장당 처리대수는 같을 수 있지만 대부분 차이가 나기 때문에 작업장당 처리대수도 하나의 관리지표로 사용된다.

55 정비사당 잔업시간

이 관리지수는 정비사의 과도한 잔업으로 인한 정비사의 피로도를 사전에 관리함으로써 정비현장에서의 안전을 유지하고 과도한 비용지출을 관리하는데 목적이 있다. 추가적으로 정비사 인력의 추가 채용 여부를 판단하는 기초 자료로도 사용된다. 또한 차량은 계절별 정비수요가 다름으로 월별 입고대수 및 대기 일 수(Lead time)를 고려하여 적절한 정비사수를 유지해야 한다.

정 의 정비현장에서 발생하는 정규근무시간외에 발생하는 잔업시간을 정비사의 인원수로 나누어 산출한다.

산출식 $$\frac{잔업시간}{정비사수} \times 100$$

권장수치 별도의 회사기준에 따른다.

- **잔업시간** : 정상 근무시간으로 정한 시간을 제외한 모든 시간
  - 일반적으로 평일 8시간, 주 5일 근무를 기준으로 산출하며 노동계약에 따라 상이할 수 있다.

사례 1

서울사업소의 2월의 총 잔업시간은 240시간이며 12명인 경우에 정비사당 잔업시간 및 일간 정비사 잔업시간은 얼마인가? (2월의 워킹데이는 20일)

풀이
□ 정비사당 잔업시간 = 잔업시간 / 정비사수 × 100
 = 240 시간 / 12 명 × 100
 = 20시간 / 인
□ 일간 정비사 잔업시간 = 정비사당 잔업시간 / Working day
 = 20시간/인 / 20일
 = 1시간 / (인*일)

[정답] 1시간/(일*인)

◆ 정비사당 잔업시간

K 서비스 수익률(ROS)

정비공장의 목표는 고객만족을 통한 수익창출

Up

고객만족 업(Up), 서비스 수익 업(Up)

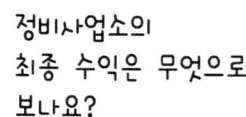

서비스수익률

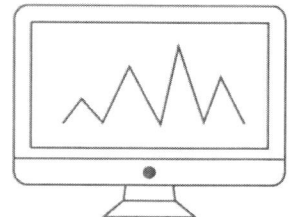

서비스수익률?

▶ **서비스 수익률 = ROS**

: 서비스매출(=공임매출 + 부품매출)
의 수익률을 나타내는 지수

ROS(Return on Sales in Service)
라고도 합니다.

56. 서비스 영업이익률 Service ROS %

이 관리지수는 **서비스 매출(= 공임매출 + 부품매출)**의 수익률을 나타내는 지수로서 서비스 수익률 또는 서비스 ROS(Return on Sales in Service)율로 불려지기도 한다. 서비스 매출에서 수익(=영업이익)을 산출하기 위한 원가, 변동비, 고정비는 자동차 제조사에 따라서 그 기준이 달라질 수 있음으로 해당 제조사의 내부 규정을 확인해야 한다.

정 의	서비스매출에 대한 최종 수익률을 산출
산출식	$\dfrac{\text{서비스 매출이익(Sales Profit)} - \text{서비스 비용(Expenses)}}{\text{서비스 매출}} \times 100$
	$= \dfrac{\text{서비스 매출} - \text{매출원가} - \text{비용}}{\text{서비스 매출}} \times 100$
권장수치	별도의 회사기준에 따른다.

사례 1

서울사업소의 1개월간 매출은 460,000,000원이며 부품원가는 360,000,000원, 비용은 50,000,000원인 경우에 서비스 수익(영업이익))은 얼마인가?

풀이
- 서비스매출 : 460,000,000원
- 부품원가 : 360,000,000원
- 비용 : 50,000,000원
- 서비스 수익(영업이익)
  = 매출 − 원가 − 비용
  = 460,000,000원 − 360,000,000원 − 50,000,000원
  = 50,000,000원
- 서비스 수익률 = 서비스 수익 / 매출액
  = 50,000,000원 / 460,000,000원 × 100 = 11%

[정답] 11%

57 고객만족도 점수
CSI : Customer Satisfaction Indicator

이 관리지수는 차량을 수리하고 출고된 정비고객을 대상으로 설문을 통하여 고객의 만족도를 측정하는 것으로 브랜드마다 측정하는 방식이 다르고 산출하는 방법이 다르다.

하지만 궁극적으로는 고객의 의견을 피드백 받아서 개선되어야 할 부분에 대해서는 개선을 통하여 좀 더 고객을 유치하고 만족을 높이는 것이 모든 정비사업소의 미션인 것이다.

정 의	정비고객에게 출고 후에 정해진 설문을 통하여 만족도를 조사하는 것
산출식	개별1(설문 항목별 점수 × 가중치) + 개별2 …… : 평균값
권장수치	별도의 회사기준에 따른다.

사례 1

서울사업소의 3월의 고객만족 설문조사 결과가 아래와 같을 때 고객만족 점수는 얼마인가?

	매우 만족 100점	만족 50점	보통 0점	불만족 -50점	매우 불만족 -100점	1차 점수	비중
직원의 지식/역량에 만족하시나요?	●					100점	30%
서비스 품질은 만족하시나요?		●				50점	20%
차량수리 약속시간은 지켰나요?			●			0점	30%
고객응대에 만족하시나요?				●		-50점	20%
합 계							

풀이
□ 항목별 점수 계산
 − 질문1 : 1차점수 × 비중 = 100점 × 30% = 30점
 − 질문2 : 1차점수 × 비중 = 50점 × 20% = 10점
 − 질문3 : 1차점수 × 비중 = 0점 × 30% = 0점
 − 질문4 : 1차점수 × 비중 = −50점 × 20% = −10점
□ 항목점수 합계 = 질문1 + 질문2 + 질문3 + 질문4
  = 30점 + 10점 + 0점 + (−10점) = 30점

[정답] 30점

 # 재 수리율 Rework ratio %

이 관리지수는 차량을 수리하고 출고된 차량이 같은 증상으로 재 입고를 하는 경우를 산출하고 관리함으로써 재 수리를 줄이고자 하는 것이다.

정 의 차량을 정비 후에 같은 고장증상으로 재 입고하여 수리하는 비율을 산출한다.

산출식 $\dfrac{\text{재 입고건수}}{\text{총 작업건수}} \times 100$

권장수치 별도의 회사기준에 따른다.

사례 1

서울사업소의 2월의 총 작업건수는 300건이며 이중 같은 고장 증상으로 재 입고하여 수리한 건수가 10건인 경우에 재 수리율은 얼마인가?

풀이 □ 재 수리율 = 재 입고건수 / 총 작업건수 × 100
 = 10 / 300 × 100 = 3.3%

[정답] 3.3%

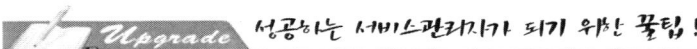 성공하는 서비스관리자가 되기 위한 꿀팁!

실무적으로는 차량의 고장증상이 같더라도 고장원인이 다른 경우가 다수 발생하기 때문에 엄밀하게 완벽한 수리 후에 시운전시에 증상이 없어졌다고 해도 다른 원인으로 인하여 같은 증상이 그 다음날 발생하는 경우도 있다. 이런 경우를 재 수리로 판단해야 할지 아닐지는 보통 고객의 입장에서 판단하는 경우가 많다. 다시 말하자면 이런 경우 고객의 입장에서는 같은 고장증상이 나타남으로 재 수리로 보는 것이다.

재 수리는 고객불만 증가의 가장 영향이 큰 항목임으로 고객만족도를 높이기 위해서는 관리자 입장에서는 특별 관리대상인 것이다.

59 서비스 운영절차 수행률

이 관리지수는 자동차 제작사 브랜드 별로 정비사업소에서 준수해야 할 '**서비스 운영절차**'를 규정해 놓고 제대로 수행을 하는지를 평가한다. 이러한 평가 후에 각 항목별 수행여부를 점수화 한 것이 '**서비스 표준 운영절차 수행률**'이다.

정 의	서비스 운영절차를 규정되어 있는 절차에 따라 수행하는 지를 항목별로 평가하고 점수화 한다.
산출식	서비스 운영절차 항목1(점수 × 가중치) +항목2 …… : 총합계
권장수치	≧80점

Upgrade 성공하는 서비스관리자가 되기 위한 꿀팁!

보통 해외 자동차 브랜드라면 전 세계적으로 글로벌하게 지켜야 할 규정이 있으며 이러한 글로벌표준에 추가하여 지역에 따라 수정 보완된 로칼용 서비스 운영 절차가 있을 것이다. 만약 그러한 규정집이 없다면 정비고객이 차량을 수리하러 정비사업소에 입고하여 출고할 때까지의 일련의 과정이 바로 서비스 표준 운영 절차라고 보면 된다.

보통은 이러한 절차를 세분화 하여 항목별로 수행 여부를 심사하고 점수화하여 평가한다. 항목은 보통 적게는 50개 항목에서 많게는 200개 항목 정도 된다.

△ 서비스 표준 운영 절차(샘플)

60 시간당 공임 회수율 Recovery Labor Rate

이 관리지수는 고객에게 공시된 시간당 공임이 실제로 고객에게 청구된 금액과 판매된 기간을 갖고 계산하여 서로 비교함으로써 혹시 누락되거나 할인된 부분은 얼마나 되는지를 관리하는 것이다.

정 의	공임 매출을 기준으로 판매된 시간으로 나눔으로써 일정기간 내 시간당 공임을 산출하는 것
산출식	$\dfrac{\left(\dfrac{\text{공임 매출}}{\text{판매된 시간}}\right)}{\text{공시 시간당 공임}} \times 100$
권장수치	별도의 회사기준에 따른다.

사례 1

서울사업소의 공시 시간당 공임은 60,000원이다. 2월을 마무리하여 공임매출은 60,000,000원, 판매된 시간은 1,200시간일 경우 시간당 공임 회수율은 얼마인가?

풀이
□ 시간당 공임 = (공임매출 / 판매시간) / 공시 시간당 공임 × 100
= (60,000,000원 / 1,200시간) / 60,000원 × 100
= 50,000원 / 60,000원 × 100 = 83 %

[정답] 83%

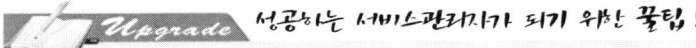

시간당 공임 회수율을 산출하여 공시 시간당 공임을 비교 할 때 항상 계산된 수치는 공시내용보다 적다. '**시간당 공임 회수율**'이라는 개념이 모든 정비사업소에서 흔히 사용되는 KPI는 아니다. 하지만 개념을 알고 있으면 공임할인 정도를 파악하고자 할 때 유용한 관리지수가 된다.

추가적으로 시간당 공임을 더욱 정확하게 산출하려면 작업유형별로 계산하면 좀 더 정확한 분석이 가능하다.

61 공임시간당 부품매출 Parts Sales per Labor hour

이 관리지수는 궁극적으로 정비작업을 부품 위주의 작업을 하고 있는지 또는 공임 위주의 작업을 하고 있는지를 파악할 수 있는 것이다.

조금은 다른 분석일지 모르겠지만 공임 매출 대 부품매출의 비율도 유용하게 활용되는 관리지수이다.

정 의	부품매출을 판매된 공임시간으로 나누어 공임시간당 부품매출의 비율을 확인한다.
산출식	$\dfrac{\text{부품매출}}{\text{판매된 시간}}$
권장수치	별도의 회사기준에 따른다.

사례 1

서울사업소의 부품매출은 60,000,000원이며 이때 공임의 판매시간은 1,200시간 일 경우에 공임당 부품판매금액은 얼마인가?

풀이
□ 공임시간당 부품매출 = (부품매출 / 판매시간)
   = (60,000,000원 / 1,200시간)
   = 50,000원 / 시간

[정답] 50,000원 / 시간

 성공하는 서비스관리자가 되기 위한 꿀팁!

공임의 매출이익률은 일반적으로 공임원가를 적용하지 않는 다면, 100%이며 부품의 매출이익률은 부품원가를 반영하면 보통 20~30% 임으로 정비현장에서는 공임매출의 비율을 높이기 위해 많은 노력들을 기울이고 있다.

보통은 부품매출 : 공임매출의 비율이 70% : 30% 수준을 일반적으로 보고 이보다 공임매출이 높으면 숙련도가 높다고 판단하고 이보다 공임매출이 낮으면 숙련도가 낮다고 표현하기도 한다.

62 채권 회수기간 Debtor days

이 관리지수는 서비스 부서의 외상판매 활동을 측정하는 방법이며 고객이 수리비용을 지급할 때까지 소요되는 평균 일수를 산출하는 것이다. 채권은 외상매출금이라는 용어로도 사용된다.

서비스 부서의 일일 외상 매출액을 산출하기 위해서는 서비스 부서의 연간 환산 외상 매출액을 구한 후에 이 금액을 365일로 나누어야 일일 매출액을 산출할 수 있다.

정 의	서비스 부서의 총 외상매출금을 회수하는데 평균적으로 소요되는 시간을 산출한다.
산출식	$\dfrac{\text{서비스 채권매출(=외상매출액)}}{\text{서비스 일일 외상 매출액}} = \dfrac{\text{서비스 채권매출(=외상매출액)}}{(\text{연간 외상 매출액} / 365\text{일})}$
권장수치	≤ 45일

사례 1

서울사업소의 외상매출액은 50,000,000원이며 일일 외상 매출액은 5,000,000원 일 경우에 채권회수 기간은 얼마인가?

풀이 □ 채권회수기간 = 외상매출액 / 일일 외상매출액
　　　　　　　　　　 = 50,000,000원 / 5,000,000원 = 10일

[정답] 10일

Upgrade 성공하는 서비스관리자가 되기 위한 꿀팁!

외상매출금은 고객을 지속적으로 정비사업장과 연계시키는 방법일수도 있지만 반면에 고객이 더 이상 방문하지 않게 되는 원인이 될 수 도 있다. 정비사업소의 운영 경험으로 미루어 보면 외상은 없을수록 좋다. 「외상은 곧 고객도 잃고 돈도 잃기」 때문이다.

추가적으로 서비스 관리자는 항상 미수금에 대해서 주기적으로 확인하여 적정기간 내에 정비료를 회수하여야 한다.

63 차량 총 등록 대수 Vehicle Parc

이 관리지수는 특정 지역 내에 운행하고 있는 차량의 운행대수를 나타내는 척도이며 보통은 10년간 차량등록대수를 기준으로 이야기 한다. 이는 일반적으로 '**카팍**'이라는 용어로 통용된다.

차량등록대수는 정비사업소의 규모를 설계하거나 서비스 매출 목표 등을 산정할 때 활용되는 관리지수로서 유용하게 활용된다.

정 의	정비사업소의 특정지역에서 운행되고 있는 차량의 총 대수를 나타낸다.
산출식	1년차 차량등록대수: X1 2년차 차량등록대수: X2 3년차 차량등록대수: X3 4년차 차량등록대수: X4 5년차 차량등록대수: X5 6년차 차량등록대수: X6 7년차 차량등록대수: X7 8년차 차량등록대수: X8 9년차 차량등록대수: X9 10년차 차량등록대수: X10 **총 등록대수는** = X1 + X2 + X3 + X4 + X5 + X6 + X7 + X8 + X9 + X10
권장수치	별도의 회사기준에 따른다.

사례 1

해당 브랜드 차량등록대수가 전국적으로 아래와 같을 때 전국 카팍은 얼마인가?

2017년	2016년	2015년	2014년	2013년	2012년	2011년	2010년	2009년	2008년
1000대	800대	600대	400대	350대	300대	250대	200대	150대	100대

풀이   ▫ 차량등록대수 = (1~10년차) 차량등록대수의 합 = 4,150대

[정답] 4,150대

 성공하는 서비스관리자가 되기 위한 꿀팁!

카팍을 차량 운행대수로 대체하기에는 엄밀하게 따지자면 정확한 수치에는 분명히 오차가 일을 것이다. 왜냐하면 차량의 수명이 10년이 되기 전에 폐차하는 차량도 있을 것이고 다른 지역의 차량이 이동하여 오는 경우, 다른 지역에서 운행하는 차량 등의 변수가 있기 때문이다. 하지만 통상적으로 쉽게 인식할 수 있는 운영대수는 10년간 등록대수로 대체하여 산출하는 것이다.

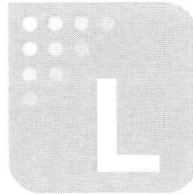

서비스 매출 Mix

※ 브랜드 및 차종에 따라 차이는 있음

 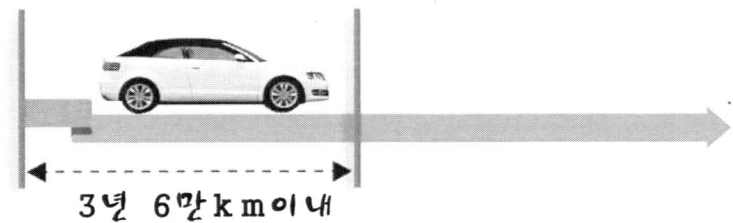

3년 6만km이내

(보증수리 : 제조사에서 무상처리)

 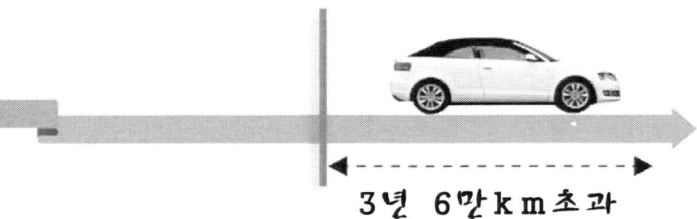

3년 6만km초과

(유상수리 : 운전자가 수리비 지급)

차량사고로 인한 수리비 발생시

(수리비는 가입된 보험회사에서 지불)

[참고문헌] NCS정비경영관리 '홍보관리'편

효율적인 매출유형 믹스(Mix) 창출

서비스   공임   부품

보증   일반   쿠폰   보험

64 서비스 매출 Mix(1) [공임/부품]

이 관리지수는 서비스 매출의 판매 구성비를 나타내는 것으로 공임매출과 부품 매출의 구성비를 계산한다.

정 의 서비스매출을 구성하는 공임매출과 부품매출의 구성비를 나타내는 것이다.

산출식 $\dfrac{공임매출}{총 서비스매출} \times 100 : \dfrac{부품매출}{총 서비스매출} \times 100$

권장수치 별도의 회사기준에 따른다.

사례 1

서울사업소의 3월의 매출이 아래와 같은 경우에 부품매출 : 공임매출의 구성비는 얼마인가?

[금액 : 백만원]

	매출 (3월)		
	부품(Parts)	공임(Labor)	소계(Sub-total)
실적(Revernue)	307	202	509
외부(Ex)	107	125	232
내부(In)	200	77	277

풀이
- 부품 구성비 : 부품매출/총매출 = 307백만원/ 509백만원 × 100 = 60%
- 공임 구성비 : 공임배출/총매출 = 202백만원/ 509백만원 × 100 = 40%

[정답] 부품매출 : 공임매출 = 60% : 40%

65 서비스 매출 Mix(2) [작업유형별]

이 관리지수는 서비스 매출의 판매 구성비를 나타내는 것으로 작업유형별 구성비를 계산한다.

정 의	서비스매출을 구성하는 일반매출, 보증매출, 쿠폰매출, 보험매출의 구성비를 나타내는 것이다. (제조사에 따라서 더 세분화 하는 경우도 있다.)
산출식	$\dfrac{\text{일반 매출 \%}}{\text{총 매출}} : \dfrac{\text{보증 매출 \%}}{\text{총 매출}} : \dfrac{\text{쿠폰 매출 \%}}{\text{총 매출}} : \dfrac{\text{보험 매출 \%}}{\text{총 매출}}$
권장수치	별도의 회사기준에 따른다.

사례 1

서울사업소의 3월의 매출이 아래와 같은 경우에 작업유형별 매출 구성비는 얼마인가?

[금액 : 백만원]

	실 적		
	부 품	공 임	소 계
일 반	178	137	315
보 증	150	100	250
쿠 폰	20	10	30
보 험	100	50	150
소 계	448	297	745

풀이
- 일반매출 구성비: 315백만원 / 745백만원 × 100 = 40%
- 보증매출 구성비: 250백만원 / 745백만원 × 100 = 34%
- 쿠폰매출 구성비: 30백만원 / 745백만원 × 100 = 4%
- 보험매출 구성비: 150백만원 / 745백만원 × 100 = 22%

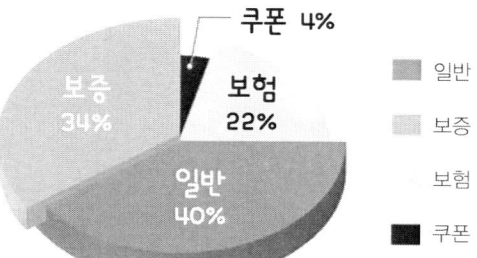

[정답] 일반 : 보증 : 쿠폰 : 보험
= 40% : 34% : 4% : 22%

66 서비스 매출 Mix(3) [내부/외부]

이 관리지수는 서비스 매출의 판매 구성비를 나타내는 것으로 외부매출과 내부매출의 구성비를 계산한다.

정 의	서비스매출을 구성하는 내부매출(보증, 쿠폰 등)과 외부매출(일반, 보험 등)의 구성비를 나타내는 것이다.
산출식	$\dfrac{\text{내부매출}}{\text{총 서비스매출}} \times 100 : \dfrac{\text{외부매출}}{\text{총 서비스매출}} \times 100$
권장수치	별도의 회사기준에 따른다.

사례 1

서울사업소의 3월의 매출이 아래와 같은 경우에 작업유형별 구성비는 얼마인가?

[금액 : 백만원]

	매출 (3월)		
	부품(Parts)	공임(Labor)	소계(Sub-total)
실적(Revernue)	307	202	509
외부(Ex)	107	125	232
내부(In)	200	77	277

풀이
- 내부매출 구성비: 277백만원/ 509백만원 × 100 = 54%
- 외부매출 구성비: 232백만원/ 509백만원 × 100 = 46%

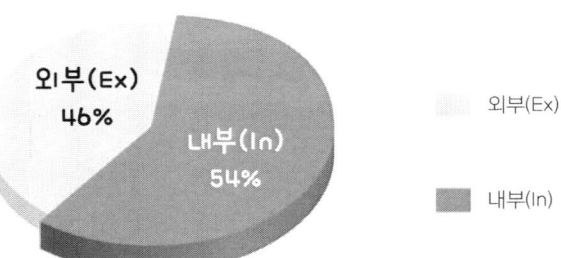

[정답] 내부매출 : 외부매출= 54% : 46%

67 차량당 매출액(객단가)

이 관리지수는 정비사업소에 차량이 몇 대 입고하여야 얼마의 매출을 예상하는지를 예상하는데 활용하는 지수로서 총 매출을 전체 차량의 대수로 나누는 경우도 있고 좀 더 세분화해서 차량 유형별 매출을 차량유형별 대수로 나누는 경우도 있다.

정 의	총 매출액을 차량 대수로 나누어 계산하며 차량이 1대 입고할 경우 1대에 대한 예상매출을 예상할 수 있다.
산출식	$\dfrac{\text{총 서비스 매출}}{\text{차량 입고대수}} \times 100$
권장수치	별도의 회사기준에 따른다.

사례 1

서울사업소의 3월 서비스 매출은 300,000,000원이며 총 입고한 차량대수는 600대인 경우에 객단가는 얼마인가?

풀이
- 객단가 = 서비스 매출 / 총 입고대수
  = 300,000,000원 / 600대 = 500,000원/대

[정답] 500,000원/대

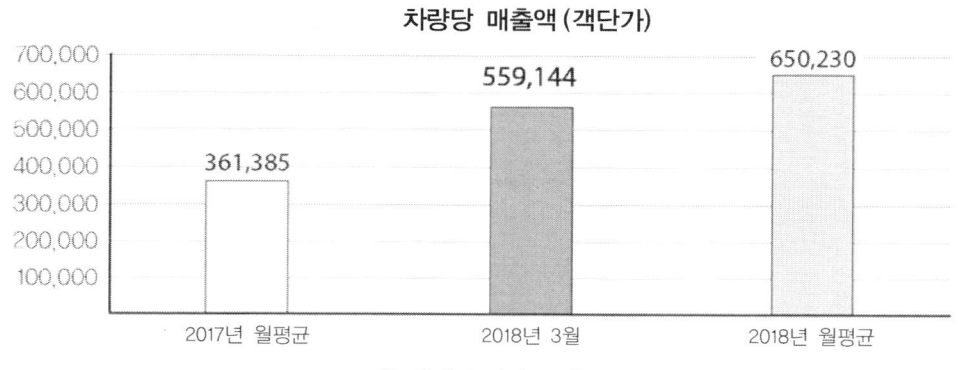

▲ 객단가 관리 그래프

성공하는 서비스관리자가 되기 위한 꿀팁!

정비공장의 수익률에 가장 영향을 많이 미치는 것이 객단가이다.

차량 입고가 증가되려면 각종 캠페인과 서비스 마케팅을 통한 입고유도를 하여야 하며 이렇게 입고된 차량이 많을수록 객 단가가 높아지는 것은 아니다.

실제로 정비공장을 운영 하다 보면 객단가를 높일 수 있는 적정치를 찾아 낼 수 있을 것이다. 이는 캠페인 등으로 평소보다 많은 차량이 입고하게 되면 오히려 객 단가가 떨어지는 경우를 경험할 것이다. 차량의 입고대수는 높이면서 객단가를 높이는 것이 현장 서비스 관리자들의 영원한 숙제이자 숙명일 것이다. 이것을 잘하는 관리자를 역량이 뛰어난 관리자라고 말한다.

객단가를 산출할 때 주로 차량의 대수를 산정하는 기준은 실 입고대수를 하는 경우도 있지만 편의상 실제로는 RO발행대수로 산출한다.

또한 객단가를 계산 할 때는 정비와 판금도장을 분리하여 관리하는 경우도 있고 하나로 합쳐서 산출하는 방법도 있지만 정확한 분석을 위해서는 구분하여 관리하는 것을 권한다.

객단가가 동종업계 보다 낮은 경우 점검 사항은 아래와 같다.

(1) 요일별 시간대별 입고대수 점검
특정시간에 차가 너무 많으면 현장과 사무실 모두 정비 지연 고객 불만을 방지하기 위하여 충분한 점검과 고객 상담이 어려워 매출을 발생시키기 어렵다.

(2) 필요부품 부족
차량점검 후 정비에 필요한 부품공급이 되질 않아 차량이 정비를 완전히 받지 못하여 다시 방문하여 고객 불만 증가

(3) 정비사와 어드바이저 협조 부족
업무협조 미비로 이하여 점감과 추가매출 제안 부족으로 이어질 수 있다.

(4) 어드바이저 숙련도
숙련도가 낮을 경우 정비에 들어간 공임을 고객에게 충분히 설명하고 청구하지 않는 경우가 발생

(5) 개인별 객단가 점검
어드바이저별, 정비사별 객단가를 점검하는 것도 매출증대에 도움이 된다. 그러나 너무 강조하면 과잉정비로 인한 고객불만 증가와 사업소에 대한 평판이 나빠짐으로 적당하게 조절할 필요가 있다.

Notes

서비스 매출 비교 분석(월평균대비)

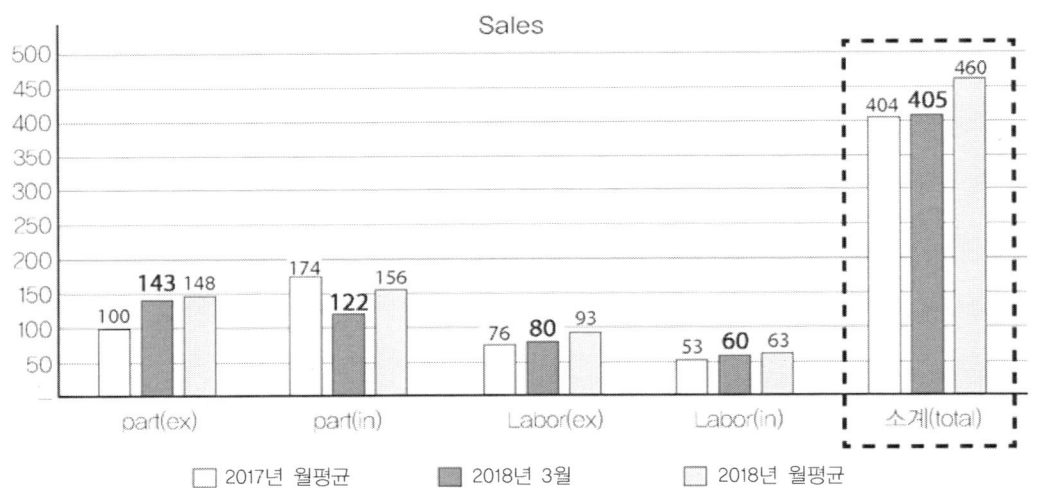

- 전년 월평균 대비 향상되었는가?
- 올해 월평균 대비 향상되었는가?

PDA : Plan(계획) Do(실행) Analysis(분석)

매니저님 뭐하세요?

서비스매출

	부품	공임	소계
목표			
실적	226,000,000	91,000,000	135,000,000
달성율			

서비스 매출을 전년과 비교 분석 해볼까요.

68 서비스 매출 비교(1) 목표대비 달성률

이 관리지수는 전년도 말에 정해진 서비스 목표 대비하여 실제로 발생된 서비스매출의 성취 정도를 나타내는 것이다. 정비현장의 관리자라면 매월, 매분기, 매년 주기적으로 확인해야 하는 관리지수이며 조직에 따라서는 일간 또는 주간단위로 달성률을 확인하기도 한다.

정 의   서비스목표 대비하여 서비스매출의 달성 정도를 관리한다.

산출식 $\dfrac{\text{서비스 대출}}{\text{서비스 목표}} \times 100$

권장수치 $\geq 100\%$

사례 1

서울사업소의 3월 서비스목표는 317,000,000원이며 실제 서비스 매출은 317,000,000원을 하였을 경우 서비스목표 달성률은 얼마인가?

풀이   □ 서비스 목표 달성률 = 서비스매출 / 서비스목표 × 100
= 317,000,000원 / 317,000,000원 × 100 = 100%
[정답] 100%

		당 월		
		부품(Psrts)	공임(Labor)	소계(sub-total)
목표(Target)		226,000,000	91,000,000	317,000,000
	외부(EX)	91,000,000	68,000,000	159,000,000
	내부(IN)	135,000,000	23,000,000	158,000,000
실적(Sales)		223,469,894	92,783,618	316,253,512
	외부(EX)	107,178,270	65,332,368	172,510,638
	내부(IN)	116,291,624	27,451,250	143,742,874
달성률(%)		99%	102%	100%
	외부(EX)	118%	96%	108%
	내부(IN)	86%	119%	91%

△ 서비스매출 비교(1) : 목표 대비

69 서비스 매출 비교(2) 월별추이

이 관리지수는 서비스매출의 월별추이를 확인함으로써 전반적으로 다른 달과의 차이를 분석하는 것이다. 추가적으로 매달 일하는 날 수(워킹데이, Working day)가 다름으로 인하여 일평균 서비스매출을 비교하기도 한다.

정 의	서비스매출의 월별 추이를 파악한다.
산출식	서비스매출 vs 전월 서비스매출 $$\frac{서비스매출}{전월\ 서비스\ 매출} \times 100$$
권장수치	별도의 회사기준에 따른다.

사례 1

서울사업소의 3월 서비스매출은 405,000,000원을 하였으며 전월(2월) 서비스 매출은 395,000,000원인 경우 전월 대비 성장률은 얼마인가?

풀이 □ 전월 대비 서비스매출 = 당월 서비스매출 / 전월 서비스매출 × 100
　　　　　　　　　　　　　　 = 405,000,000원 / 395,000,000원 × 100
　　　　　　　　　　　　　　 = 103 %

[정답] 103%

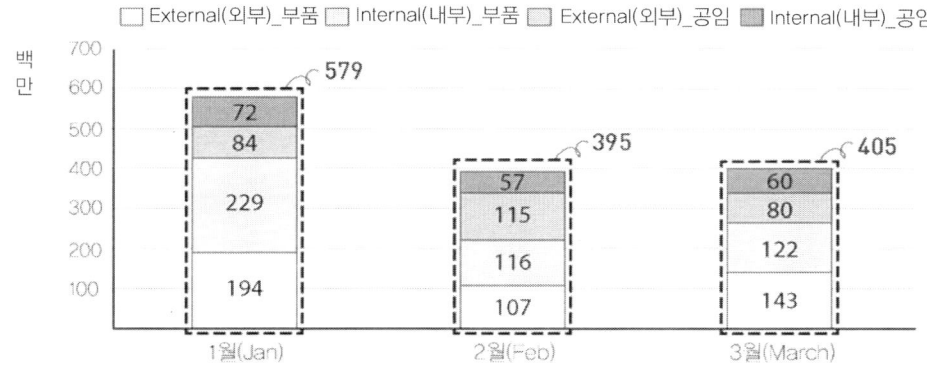

● 서비스매출 비교 : 월별추이

71 서비스 매출 비교(3) 전년월평균, 올해 월평균

이 관리지수는 현재 달성한 서비스매출의 수준이 단순히 목표대비로만 평가하는 것이 아니라 전년도와 올해에서의 수준을 같이 평가하는 것이다.

정 의 서비스 매출을 전년도 월평균과도 비교하고 올해 월평균과도 비교하여 종합적인 위치를 파악하고자 함이다.

산출식 서비스 매출 vs 전년 월평균 서비스 매출 vs 올해 월평균 서비스 매출

$$\frac{서비스\ 매출}{전년\ 서비스\ 매출\ 월평균} \times 100$$

$$\frac{서비스\ 매출}{올해\ 서비스\ 매출\ 월평균} \times 100$$

권장수치 별도의 회사기준에 따른다.

사례 1

서울사업소의 3월 부품매출은 405,000,000원을 하였을 경우 전년 및 올해와 비교를 해보아라. (전년 서비스매출 평균은 404,000,000원, 올해 서비스 매출 평균은 460,000,000원)

풀이
□ 전년 서비스 매출 평균 대비 = 서비스매출 / 전년 서비스매출 평균 × 100
= 405,000,000원 / 404,000,000원 × 100
= 100 %
□ 올해 서비스매출 평균 대비 = 서비스매출 / 올해 서비스매출 평균 ×100
= 405,000,000원 / 460,000,000원 × 100
= 88%

[정답] 전년 월평균 대비 100%, 올해 월평균 대비 88%

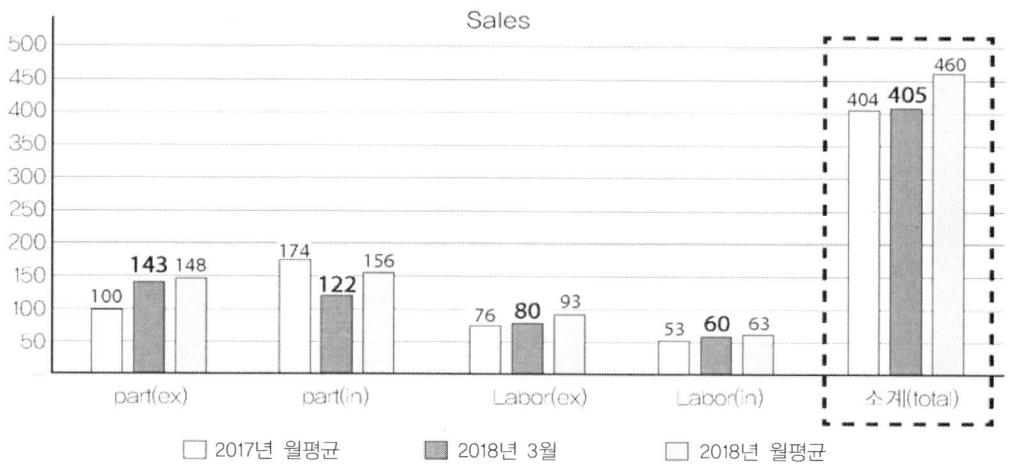

▲ 서비스매출 비교(금액 : 백만원) : 전년 월평균, 금년 월평균

Upgrade 성공하는 서비스관리자가 되기 위한 꿀팁!

부품유형에 따라 판매 사이클이 다르며 이러한 판매 사이클은 재고를 확보하고 운영하는데 참고가 됨으로 잘 이해하고 있어야 한다.

(1) **소모품** : 신차 판매 후 일정시간까지 누적대수 증가에 따라 증가했다가 모델 단종 및 폐차증으로 판매가 줄어드는 부품
(예 : 엔진오일, 오일필터, 브레이크 패드 등)

소모품 판매 사이클 ▷

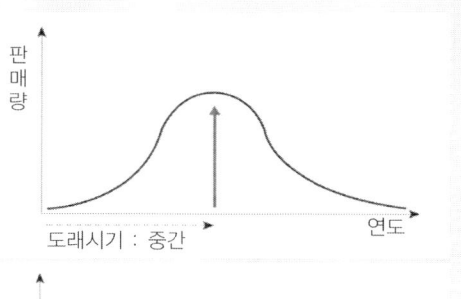

(2) **내구성 부품** : 차량거리가 어느 정도 이상부터 판매가 시작되는 부품
(예: 점화플러그, 워터펌프, 라디에이터 등)

내구성 부품 판매 사이클 ▷

(3) **사고수리용 부품** : 차량 사고에 따라 발생하는 부품으로 신차의 경우에는 작은 손상에도 교환하지만 차량이 노후화됨에 따라 판매가 급격하게 줄어드는 부품
(예: 범퍼, 펜더, 몰딩류 등)

사고수리용 부품 판매 사이클 ▷

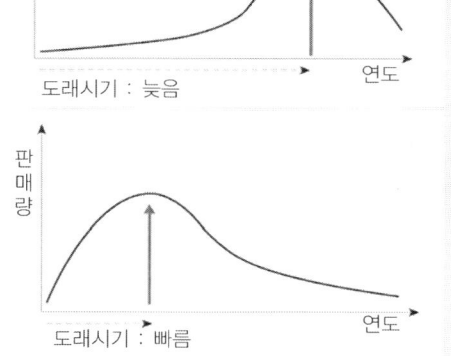

업 셀링(Up selling)을 위한 서비스 마케팅 액션 플랜(Action plan)

정비사업소는 차량을 판매한 후에 고객만족 차원에서 차량의 운행을 유지해 주기 위한 기본적인 사명이 있지만 그 나름대로는 하나의 사업체이기 때문에 매출과 수익을 무시할 수 없는 것이다.

그럼으로 서비스관리자들은 항상 어떻게 하면 정비고객의 입고를 지속적으로 증대시키고 매출을 증대 시킬 것인가를 항상 고민하고 실행하고 실행결과를 다시 고민하는 사이클을 반복해야 하는 것이다. 여기서는 매출 향상을 위한 실천사항들을 몇 가지 언급하고자 한다.

1. 사전 검차 (프리 인스펙션, Pre-Inspection)

차량 정비를 위해서 차량이 정비사업소에 입고하게 되면 대부분 고객 상담 후에 바로 차량을 정비 작업장에 입고하여 수리를 시작하게 된다.

자동차 제조사 브랜드에 따라 많은 브랜드들이 차량을 입고하기 전에 차량의 외관 검사 등을 확인하는 절차가 있지만 실제 현장에서 수행되는 경우는 많지 않다. 하지만 모든 차량에 대한 사전 검차(Pre-inspection)는 아래의 2가지 이유 때문이라도 정비현장에 정착될 수 있도록 해야 한다.

첫째, 차량 외관에 대한 고객과의 분쟁은 수시로 발생한다. 차량이 입고 시에는 스크래치 등이 없었는데 수리 후 에 스크래치가 발생했다고 주장하는 정비고객과의 분쟁을 사전에 막기 위해서 외관 검사 시 외형적인 문제를 사전에 확인하고 미리 고객의 서명을 받아 놓으면 문제 발생을 사전에 방지시키는 것이다. 주로 사전 검차 는 수입 승용차인 경우에는 어드바이저가 수행하며 수입 상용차인 경우에는 포맨(공장장)이 실시하지만 동시에 많은 차량이 입고하는 아침시간인 경우에는 정비사가 직접 분담하여 차량 수리 전에 차량을 사전 검차 후 정비작업을 진행하기도 한다.

둘째, 외관에 발생되어 있는 손상 정도를 사전에 고객에게 인지시키고 해당 작업을 정비사업소에서 작업을 할 수 있도록 안내하는 것이다. 예를 들어 램프가 깨져 있다든지 범퍼에 스크래치가 있는 경우에 사전 검차를 통하여 고객에게 일부 할인 프로모션을 제안하여 기본적인 정비 작업 외에 추가작업을 유도함으로써 정비사업소에서는 매출을 증대시키고 고객입장에서는 다음 번에 방문할 것을 이번 작업할 때 진행함으로써 시간소모를 줄일 수 있게 되는 것이다.

사전 검차 (Pre-Inspection)

☐ 고객 동행   ☐ 고객 미동행

날짜		차량번호		차대번호	
R/O No.		주행거리(km)		점검자	(인)

Ⅰ. 차량 외부 점검 및 연료 / 요소수 레벨 체크

[차량 위에 표시하세요 : D(덴트), S(스크래치), X(데미지)]

연료레벨   요소수레벨

Ⅱ. 차량 점검 항목(15항목)

		차량 점검 항목	양호 (V표시)	수리요망 (V표시)	점검내용
작업전 작성	외부 손상점검	(1) 전면유리			
		(2) 본넷			
		(3) 범퍼			
		(4) 사이드 안전대(좌/우/후면)			
		(5) 라이트(앞/뒤/옆)			
		(6) 사이드미러			
작업중 작성	상태점검	(7) 와이퍼 브레이드			
		(8) 타이어			
		(9) 쇽업소버			
		(10) 에어서스펜션			
		(11) 리프스프링			
	누유점검	(12) 엔진오일			
		(13) 냉각수			
		(14) 파워스티어링			
	기타 손상 점검	(15) 기타 점검사항			

※ 본 시트의 작성자는 원칙적으로 어드바이저가 작성하되 어려울 경우에는
  포맨, 정비사가 작성하여야 한다.
  (특히, 업무시작시 최초 입고 차량 대수가 많은 경우에는 우선 워크샵에
  입고 후 정비사가 실시)
※ 점검된 항목은 정비작업 전에 고객에게 설명되어져야 한다.

고객확인

🔺 사전 검차 양식(샘플)

2. 서비스 마케팅

가동률을 높이는 내부적인 방법을 앞쪽 특강에서 이야기 했다면 이번에는 외부적인 방법으로 고객을 정비사업소로 방문하게 하는 방법을 소개한다.

(1) 계절별 서비스 마케팅

정비사업소의 규모에 따라서 서비스 마케팅을 주기적으로 시행하는 곳도 있고 그렇지 못한 곳도 있을 것이다. 하지만 주기적으로 정비고객에게 해당 정비사업소가 차량을 지속적으로 유지관리 해주고 있다는 생각을 갖게 해주는 것이 중요하다. 만약 주기적인 프로모션 행사에 참여를 하지 않더라도 언젠가는 차량의 수리를 위해서 정비사업소를 선택해야 하기 때문이다.

주로 여름에는 더운 날씨에 대비해서 에어컨 가스, 에바 클리닝 등의 행사가 이루어지고 장마를 대비해서는 고급 워셔액, 와이퍼 블레이드 등의 할인 행사를 시행한다.

겨울에는 주로 스노우 체인 및 겨울 용품 세트 등을 저렴하게 판매하고 설이나 추석 명절 즈음에는 무상점검 행사나 공임할인 행사를 하는 경우도 많다.

무슨 행사를 하던지 지속적으로 품목들을 다채롭게 변경하여 고객들로 하여금 관심을 갖게 하는 것이 중요하다.

(2) 스페셜 서비스 마케팅

특정한 목적을 갖고 시행하는 서비스 마케팅도 관리자들이 지속적으로 고민해야 하는 사항이다. 예를 들어 아침에는 차량 항상 많이 입고하여 수리가 이루어지는데 오후 3시 이후만 되면 입고하는 차량이 없다고 가정한다면 이곳에서는 오후에 방문하는 고객들을 대상으로 특별한 할인행사가 기획 되어져야 하는 것이다. 물론 이러한 기획을 통해서 방문 고객대상으로 전화가 이루어지던지 문자메시지나 이메일을 통해서 사전 홍보를 하고 또한 정비사업소에는 관련 배너나 현수막 등이 설치되어져야 한다.

[나의 실행계획] 업 셀링을 위한 본인의 액션플랜(Action Plan)을 적어보세요.

CHAPTER 04

경영지원 관리지수 15가지

이것만이라도 꼭 알아두자 !!

① 투자수익률 = $\dfrac{\text{이자 지급전 순이익}}{\text{투자 자금}} \times 100$

② 매출액 이익률 = $\dfrac{\text{이자 지급후 순이익}}{\text{매출액}} \times 100$

③ 유동비율 = $\dfrac{\text{유동 자산}}{\text{유동 부채}} \times 100$

경영지원 기본 개념
(손익분기점)

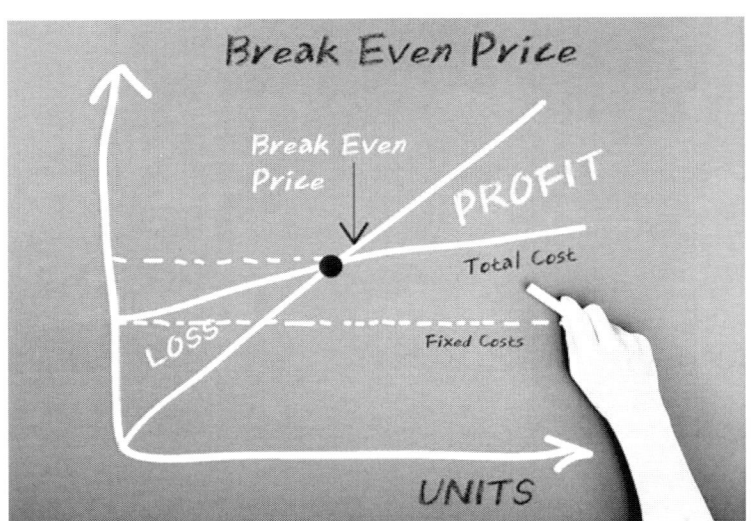

정비관리자에게 손익개념은 필수

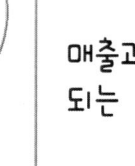

71. 총자산 Asset

이 관리지수는 대차대조표에서 보면 총자본과 동일하며 회사 재산의 운용상태를 나타내는 것으로 모든 경영지표의 기본이 되는 개념이다.

정 의	회사에 투자되는 모든 자금의 합.
산출식	① 유동자산 + 고정자산 ② 총자본 = (타인)부채 + (자기)자본 + 이익 　　　　　 = 유동부채 + 고정부채 + 자본 + 이익
권장수치	별도의 회사기준에 따른다.

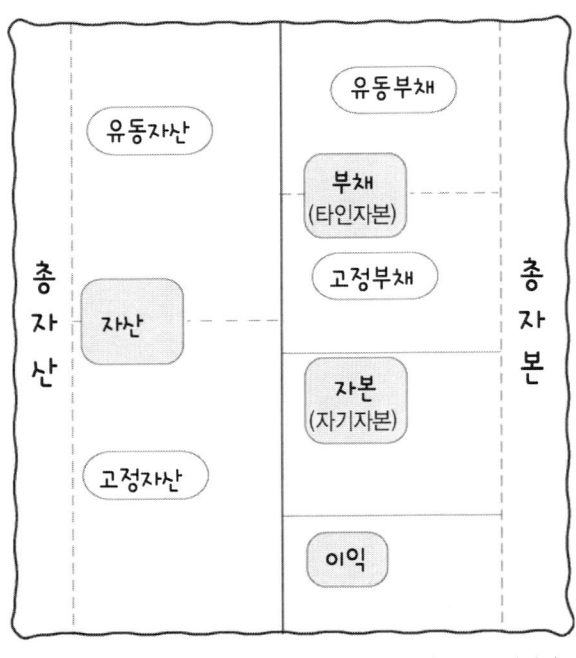

용어해설

- **자본**: 자기자본
  [예] 자본금 등
- **부채**: 타인자본
- **유동자산**: 예금, 현금 또는 1년 이내에 현금화 할 수 있는 것
  [예] 현금 및 현금등가물, 매출채권, 재고자산 등
- **고정자산**: 1년 이내에 현금화 할 수 없는 것
  [예] 토지, 건물, 설비 등
- **유동부채**: 1년 이내에 상환 할 수 있는 것
  [예] 매입채무, 단기차입금 등
- **고정부채**: 1년 이내에 상환 할 수 없는 것
  [예] 장기차입금, 사채 등

[참고문헌] 그림으로 배우는 부기경리

72 투하 자금 Funds Employed

이 관리지수는 **투하 자본**(Capital Employed) 또는 **투자 자금**(Investment)이라고도 하며 회사에서 투자된 거의 모든 자금을 의미한다.

정 의	회사에 투자되는 모든 자금의 합.
산출식	순자본 + 총이자 발생 차입금
권장수치	별도의 회사기준에 따른다.

Tip 용어해설
- **순자본** : 자산에서 부채를 차감한 잔여지분이다.
- **차입금** : 운영자금 및 투자를 위해 조달된 자금이다.

사례 1

서울사업소에 투자된 자금이 1,000,000,000원이고 은행에서 빌린 차입금이 800,000,000원인 경우에 투하자금은 얼마인가?

풀이
□ 투하자금 = 순자본 + 총이자 발생 차입금
 = 1,000,000,000원 + 800,000,000원
 = 1,800,000,000원

[정답] 1,800,000,000원

 성공하는 서비스관리자가 되기 위한 꿀팁!

투하 자금 자체는 KPI가 아니지만 다른 여러 KPI를 산출하는데 사용되며 투하 자금 금액은 부채금액과 동일하지 않다.

73 손익분기점 Break Even Point, BEP

이 관리지수는 회사 전체나 하나의 사업에서 총 매출액과 총원가가 같이 되는 매출액을 산출하는데 있다.

정 의	매출과 비용이 제로가 되는 시점의 매출액을 말함.
산출식	$\dfrac{고정비}{1-변동비율} = \dfrac{고정비}{1-(변동비/매출액)}$
권장수치	별도의 회사기준에 따른다.

- **고정비** : 매출이 있건 없건 발생하는 일정 비용
- **변동비** : 매출에 비례해서 발생하는 비용

사례 1

서울사업소에 매출은 600,000,000원, 고정비는 90,000,000원이며 변동비 60,000,000원일 경우 손익분기점은 얼마인가?

풀이
- 변동비율 = 변동비 / 매출액
  = 60,000,000원 / 600,000,000원
  = 0.1
- 손익분기점 = 고정비 / (1-변동비율)
  = 90,000,000원 / (1-0.1)
  = 100,000,000원

[정답] 100,000,000원

74 매출 대비 이자율 Interest %

이 관리지수는 총 매출액 대비하여 갚아야 할 이자의 수준을 평가한다.

은행에 갚아야 할 이자율만을 가지고 높고 낮음을 평가하기가 어렵기 때문에 이자로 지급되는 금액을 관리하기 위해서는 회사의 총 매출 대비하여 확인함으로써 적정여부를 확인 할 수 있는 것이다.

정 의	총 매출액 대비하여 이자의 비율을 산출한다.
산출식	총이자 / 총 매출액
권장수치	< 1%

Tip 용어해설
- **고정비** : 매출이 있건 없건 발생하는 일정 비용
- **변동비** : 매출에 비례해서 발생하는 비용

사례 1

서울사업소에 3월 총이자 지급액은 3,000,000원이고 총 매출액은 400,000,000원인 경우에 매출대비 이자율은 얼마인가?

풀이
□ 매출대비 이자율 = 총이자 / 총 매출액 × 100
  = 3,000,000원 / 400,000,000원 × 100
  = 0.75%

[정답] 0.75%

75 고정자산 비율 Fixed Asset %

이 관리지수는 장기 투자자금(고정자산)과 단기 투자자금(유동자산)의 균형을 알려준다. 부동산 가격이 높은 곳에서는 고정자산의 비율이 높음으로 권장 수치는 다를 수 있다.

정 의	시설(토지, 건물 등)에 투여된 투자 자금과 운영에 투여된 투자 자금의 비율을 측정.
산출식	$\dfrac{\text{고정 자산}}{\text{총 자산}} \times 100$
권장수치	45% ~ 55%

- **고정자산** : 1년 이내에 현금화 할 수 없는 것
  [예] 토지, 건물, 설비 등

사례 1

서울사업소의 현재 총자산은 5,000,000,000억 원이고 고정자산은 2,500,000,000원인 경우에 고정자산 비율은 얼마인가?

풀이
□ 고정자산비율 = 고정자산 / 총자산 × 100
= 2,500,000,000원 / 5,000,000,000원 × 100
= 50%

[정답] 50%

 성공하는 서비스관리자가 되기 위한 꿀팁!

고정자산 수치를 계산시에는 대차대조표를 참고하여 작성하여야 한다. 만약 대차대조표에 기재되어 있지 않은 고정자산은 무효하다고 보면 된다.

Notes

회사의 수익성

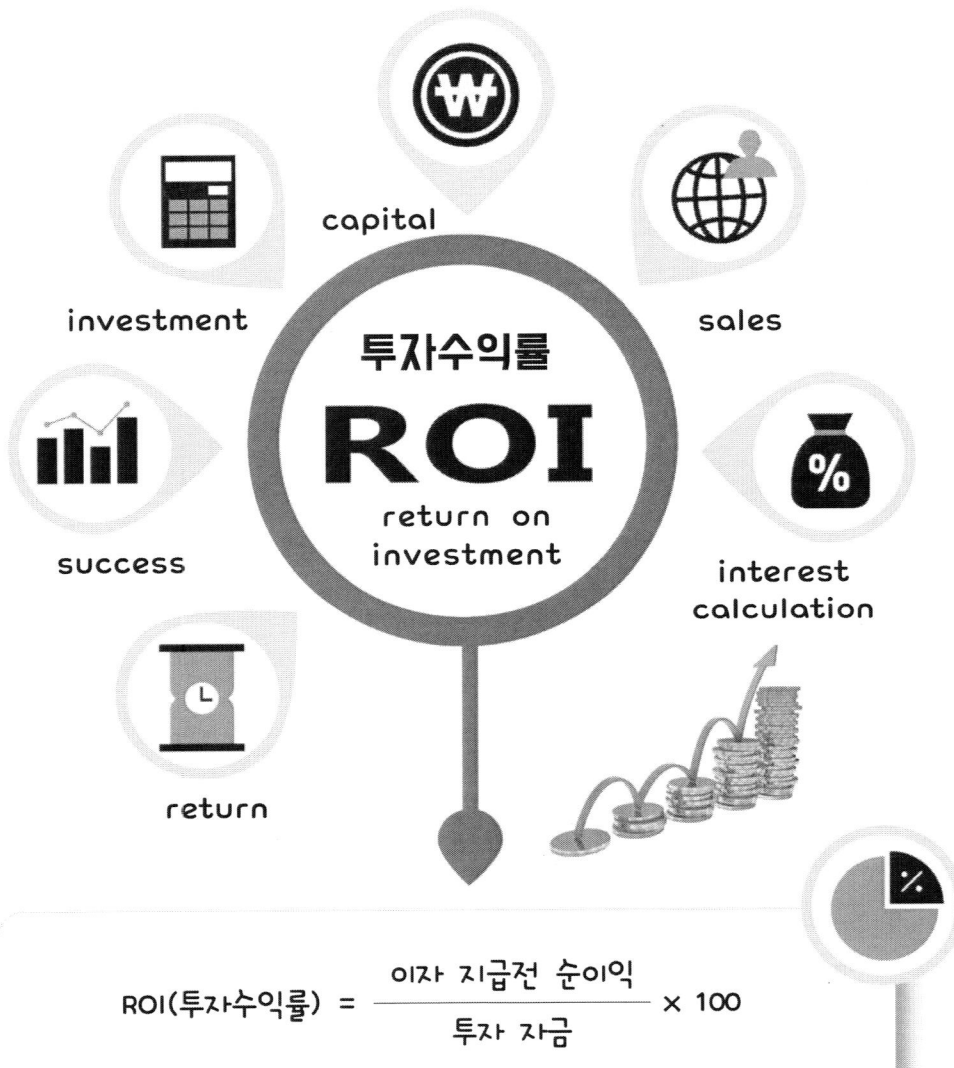

$$\text{ROI(투자수익률)} = \frac{\text{이자 지급전 순이익}}{\text{투자 자금}} \times 100$$

수익이 있어야 생존 가능

투자자가 제일 중요하게 생각하는 KPI는 무엇인가요?

ROI 라고 하는 것이지요.

KPI...?

투자수익률
ROI

Return on Investment

투자한 총자금에 대한 수익의 정도

76 투자 수익률 Return on Investment %, R.O.I.

이 관리지수는 **투하 자금 이익률**(Return on Funds Employed %, R.O.F.E.)이라고도 하며 창출한 수익을 바탕으로 회사가 성장할 수 있는 능력을 측정해 준다. 권장수치에서 지수가 꾸준히 증가하면 회사 입장에서 보면 추가적인 투자가 필요한 시점이라고 판단할 수 있다.

정 의	투자한 총자금에 대한 수익의 정도를 나타냄
산출식	$\dfrac{\text{이자 지급전 순이익}}{\text{투자 자금}} \times 100 = \dfrac{\text{이자 지급전 순이익}}{\text{투하 자금}} \times 100$
권장수치	≥ 21%

- 이자지급전 순이익 ≥ 이자 지급 후 순이익 ≥ 세금지급전 순이익 ≥ 세금 지급 후 순이익

사례 1

서울사업소 이자지급전 순이익은 300,000,000원/년이고 투자 자금은 은행 대출금 포함하여 5,000,000,000원인 경우에 투자 수익률은 얼마인가?

풀이
□ 투자 수익률 = 이자 지급전 순이익 / 투자 자금 × 100
= 300,000,000원 / 5,000,000,000원 × 100
= 6 %

[정답] 6%

 성공하는 서비스관리자가 되기 위한 **꿀팁!**

투자 수익률이 하락 경향을 보이는 경우 차입금을 확인해 보아야 한다. 차입금에 의한 이자부담이 증가하면 수익성이 낮아지기 때문에 차입금을 줄이는 방안을 강구해야 한다.

77 투하자금 회전율 Circulation of Funds Employed, C.O.F.E

이 관리지수는 경영진이 맡겨진 자금을 얼마나 잘 활용하는지를 측정해 준다.

정 의	1년 동안 투자한 돈이 고갈되는 횟수.
산출식	연간 환산 매출액 / 투하자금
권장수치	• 부동산이 대차대조표에 포함되는 경우 : 연 6회 • 부동산이 대차대조표에 포함되지 않는 경우 : 연 12회

사례 1

> 서울사업소에서 발행한 모든 정비작업에 대한 매출은 4,200,000,000원이며 투하자금은 1,000,000,000원인 경우에 투자 자금 회수율은 얼마인가?
>
> **풀이**　□ 투하자금 회전율 = 연간매출 / 투하자금
> 　　　　　　　　　　　= 4,200,000,000원 / 1,000,000,000원
> 　　　　　　　　　　　= 4.2회전
>
> [정답] 4.2회전

 성공하는 서비스관리자가 되기 위한 꿀팁!

돈이 더 자주 고갈 될수록 투자에 필요한 돈의 금액은 더 적어지고, 이로 인해 창출하는 이익은 더 늘어난다.

78 매출액 이익률 Return on Sales %, R.O.S

이 관리지수는 회사의 생산성 수준을 판단하는 중요한 참고 지표로서 '**이자 지급 후 수익률**(Net Profit After Interest%, N.P.A.I) 또는 **세금 공제 전 순 이익률**(Net Profit Before Tax%, N.P.B.T)'이라고도 한다.

정 의	제품 및 서비스로 남긴 이익을 판매로 인한 매출액에 대한 백분율로 나타냄.
산출식	$\dfrac{\text{이자 지급 후 순이익}}{\text{매출액}} \times 100$
권장수치	> 2%

사례 1

서울사업소의 3월의 매출은 460,000,000원이며 이자 지급 후 순이익은 10,000,000원인 경우에 매출액 이익률(ROS)은 얼마인가?

풀이
□ 매출액 이익률 = 이자 지급 후 순이익/ 매출액 × 100
 = 10,000,000원 / 460,000,000원 × 100
 = 2.1 %

[정답] 2.1%

Notes

회사의 안정성(유동비율)

Current Ratio

$$유동비율 = \frac{유동\ 자산}{유동\ 부채} \times 100$$

끊임없는 변화에 대처

회사 경영도 위험을 미리 방지하기 위한 것이 필요할 듯 하네요.

위험!!

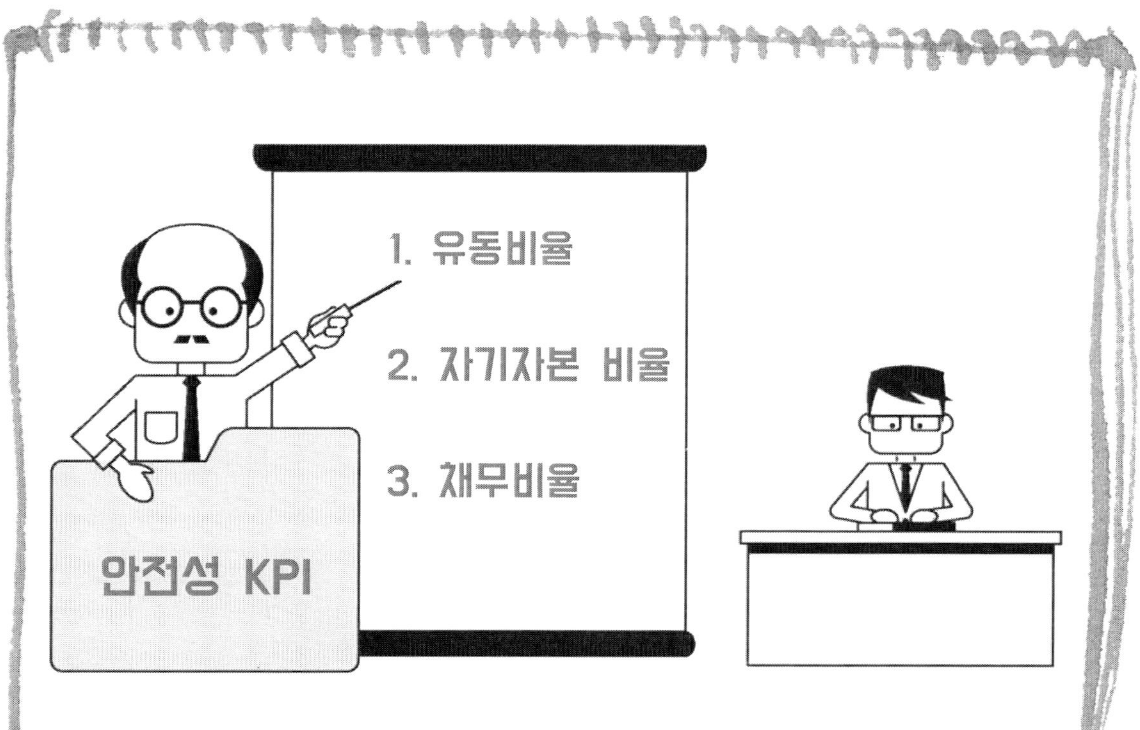

안전성 KPI

1. 유동비율
2. 자기자본 비율
3. 채무비율

유동 비율 Current %

이 관리지수는 **운전자본 비율**(Working Capital Ratio)이라고도 하며 회사의 운전 자본이 충분한지를 알려준다. 회사에서는 필요한 자금이 충분한지를 매일 이 관리지수를 활용한다.

정 의	유동부채 대비 유동자산의 비율
산출식	$\dfrac{\text{유동 자산}}{\text{유동 부채}} \times 100$
권장수치	125% ~ 130%

- **유동자산** : 예금, 현금 또는 1년 이내에 현금화 할 수 있는 것
  [예] 현금 및 현금등가물, 매출채권, 재고자산 등
- **유동부채** : 1년 이내에 상환 할 수 있는 것
  [예] 매입채무, 단기차입금 등

사례 1

서울사업소의 3월의 유동자산은 1,000,000,000원이고 유동부채는 800,000,000원인 경우에 유동비율은 얼마인가?

풀이
□ 유동비율 = 유동자산 / 유동 부채 × 100
   = 1,000,000,000원 / 800,000,000원 × 100
   = 125 %

[정답] 125%

 성공하는 서비스관리자가 되기 위한 꿀팁!

 일반적으로 유동자산이 유동부채 보다 커야 하는 이류는 유동자산의 경우에는 재고자산이 항상 감가상각 되므로 기본적으로 유동부채 보다 커야 하며 돈을 지급하는 속도가 지급받는 속도보다 빠름으로 유동자산이 더 많아야 하는 것이다. 유동비율은 높을수록 안정성이 높은 것이며 이상적인 것은 약 200% 정도이다.

 # 자기 자본 비율 Equity %

이 관리지수는 재무안정성을 측정하기 위해서 사용되며 현금차입 능력을 확인하는 척도이기도 하다.

정 의	총 자본 대비하여 회사가 직접 보유하고 있는 자기자본의 비율
산출식	$\dfrac{\text{자기 자본}}{\text{총 자본}} \times 100$
권장수치	30%

 사례 1

서울사업소의 현재 총자본은 6,000,000,000원이고 자기자본은 2,000,000,000원일 경우에 자기자본 비율은 얼마인가?

풀이 □ 자기 자본비율 = 자기자본 / 총자본 × 100
= 2,000,000,000원 / 6,000,000,000원 × 100
= 33%

[정답] 33%

81 채무대비 채권비율 Debtor Creditor %

이 관리지수는 현금운영에 유용한 관리지수로서 회사입장에서는 받아야 할 돈 보다는 갚아야 하는 돈이 많게 유지하는 것이 현금운영을 원활하게 하는 것이다.

정 의 받아야 할 금액 대비하여 갚아야 할 금액의 비율을 측정한다.

산출식 $\dfrac{채권금액}{채무금액} \times 100$

권장수치 < 100%

Tip 용어해설
- 채권 : 받아야 할 돈
- 채무 : 갚아야 할 돈

사례 1

서울사업소의 현재 채권액은 200,000,000원이고 채무액은 300,000,000원인 경우에 채무대비 채권율은 얼마인가?

풀이
□ 채무대비 채권율 = 채권액 / 채무액 × 100
　　　　　　　　 = 200,000,000원 / 300,000,000원 × 100
　　　　　　　　 = 66%

[정답] 66%

Notes

Q 회사의 생산성

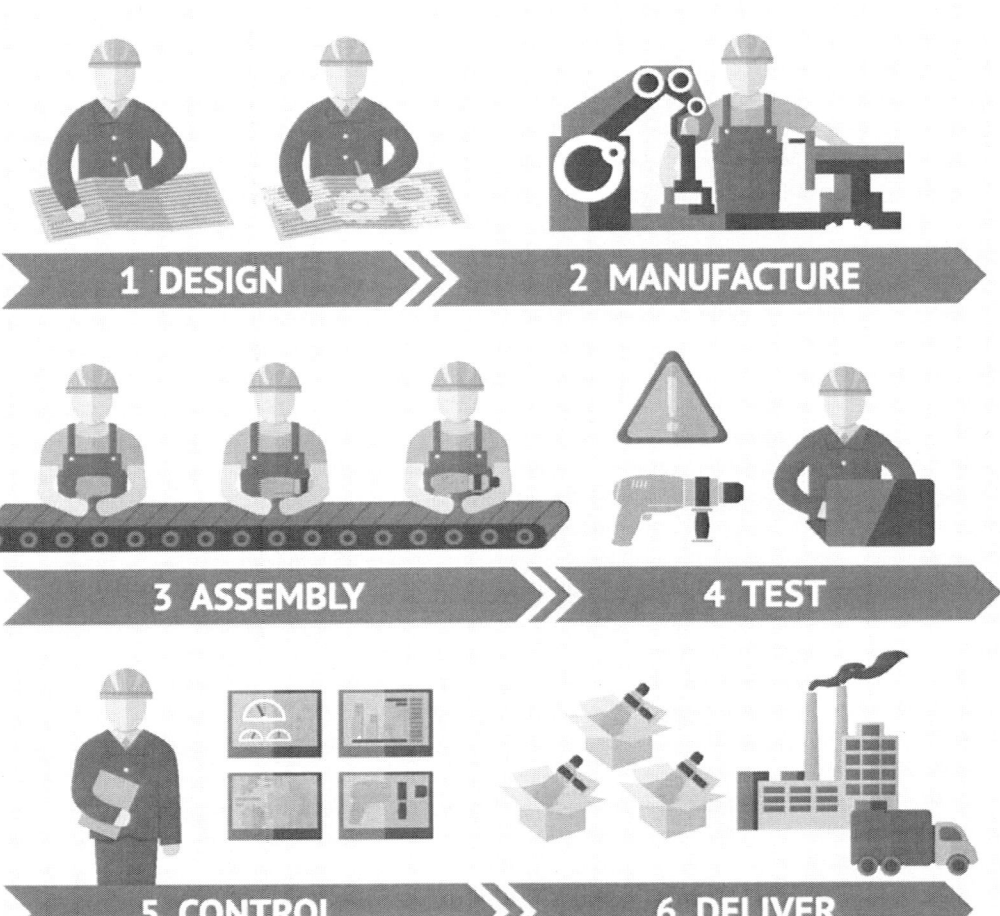

Productivity

1 DESIGN → 2 MANUFACTURE
3 ASSEMBLY → 4 TEST
5 CONTROL → 6 DELIVER

성장이 없는 조직은 실패

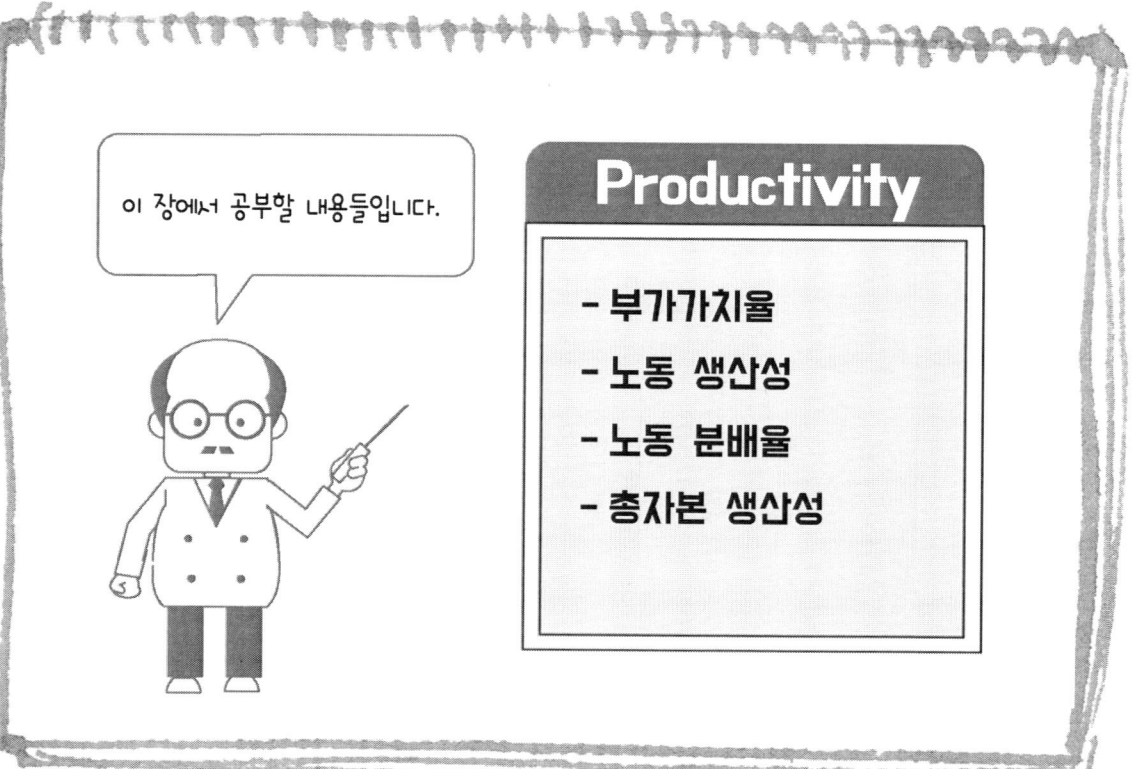

부가가치율

이 관리지수는 업종에 따라 다르지만 만약 업종이 같은 상태에서 부가가치율이 상대적으로 높다면 효율적이라고 할 수 있다.

정 의	매출액 대비하여 부가가치로 발생된 금액의 비율
산출식	$\dfrac{\text{부가 가치액}}{\text{매출액}} \times 100 = \dfrac{\text{매출액} - \text{원가}}{\text{매출액}} \times 100$
권장수치	별도의 회사기준에 따른다.

- **부가가치** : 매출액 중 회사 내에서 발생한 가치를 말함.
- **넓은 의미** : 매출액에서 제조원가 또는 매입원가를 공제 한 부분
- **좁은 의미** : 매출액에서 제조원가 또는 매입원가를 공제 한 후 다시 판매비와 관리비를 공제한 부분

사례 1

서울사업소의 3월 매출액은 500,000,000원이고 부가가치가 20,000,000원인 경우 부가가치율은 얼마인가?

풀이
□ 부가가치율 = 부가가치 / 매출액 × 100
         = 20,000,000원 / 500,000,000원 × 100
         = 4%

[정답] 4%

노동 생산성

이 관리지수는 종업원당 부가가치율을 계산한 것이다. 이 수치가 높다는 것은 기본적으로 인재의 역량이 높다는 것을 말해 준다.

예들 들어 일반적으로 IT 기업의 5명이 편의점의 5명보다 노동생산성이 높다.

정 의	연간 부가가치 액을 총 종업원 수로 나누어서 산출
산출식	$\dfrac{\text{부가 가치 액(연간)}}{\text{총 종업원 수(기간 중 평균)}} \times 100$
권장수치	별도의 회사기준에 따른다.

사례 1

서울사업소의 연간 부가 가치액이 240,000,000원이고 총 종업원이 10명인 경우에 노동 생산성은 얼마인가?

풀이
- 노동생산성 = 부가 가치액 / 총 종업원수
  = 240,000,000원 / 10
  = 24,000,000원

[정답] 24,000,000원

84 노동 분배율

이 관리지수는 사람의 활약상을 보는 지수로서 업종이 같다면 노동분배율이 높다는 것은 1인당 인건비가 높다고 볼 수 있거나 아니면 충분한 부가가치를 위해 수익을 올리지 않았다는 것이다. 여기서 인건비는 복리후생비를 포함한 금액이다.

정 의	부가가치에서 인건비의 비율을 산출
산출식	$\dfrac{\text{인건비}}{\text{부가가치}} \times 100$
권장수치	별도의 회사기준에 따른다.

사례 1

서울사업소의 3월 부차가치액이 20,000,000원 이고 인건비가 10,000,000인 경우에 노동분배율은 얼마인가?

풀이
  □ 노동생산성 = 인건비 / 부가가치 × 100
           = 10,000,000원 / 20,000,000 × 100
           = 50%

[정답] 50%

총자본 생산성

이 관리지수는 생산성을 판단하는 지수로서 비율이 높을수록 생산성이 높다고 할 수 있으며, 큰 부가가치를 생성하기 위해서는 인건비가 높은 인력에 투자해야 하는 것을 알 수 있다.

정 의	총 자본에 대한 부가 가치액의 비율을 산출
산출식	$\dfrac{\text{부가가치(연간)}}{\text{총 자본}} \times 100$
권장수치	별도의 회사기준에 따른다.

- 총자본 = 타인자본(부채) + 자기자본(자본)

사례 1

서울사업소의 총 자본은 6,000,000,000원이며 연간 부가가치는 2,400,000,000원일 때 총자본 생산성은 얼마인가?

풀이
- 노동생산성 = 부가가치(연간) / 총 자본 × 100
  = 2,400,000,000원 / 6,000,000,000 × 100
  = 40%

[정답] 40%

손익계산서와 대차대조표 이해하기

자동차 정비사업소에서 정비현장에서 정비사로 근무하던지 아니면 사무실에서 정비지원으로 근무를 하든 근무하는 동안 손익계산서와 대차대조표를 라는 용어를 접할 기회가 얼마나 될까?

손익계산서는 그 형태야 어떻게 되었던 직간접적으로 들어보긴 하였을 것이다. 아니, 어쩌면 매일, 매주, 매월 접하는 일들일지도 모르겠다. 하지만, 대차대조표라는 용어는 회계부서를 제외하고는 생소할 것이다. 하지만 어찌 되었든 서비스관리자가 되어 효율적인 정비사업소 효율적으로 운영을 위해서는 이 두 가지 개념은 파악하고 있어야 한다.

1. 손익 계산서(Income statement, Profit and loss account)

궁극적으로 손익 계산서에서 산출하고자 하는 것은 매월 또는 매년 수익이 발생했는지 손실이 발생했는지를 파악하는 것으로 서비스 경영에 따른 결과를 보고자 함이다. 쉽게 이야기 하자면 손익계산서는 일정기간 동안 경영의 결과라고 이해하면 된다.

손익계산서의 각 항목들은 국내 회계법으로 정해져 있으며 아래의 항목들로 구성된다.

대부분 앞에서 언급되고 설명한 용어들이기 때문에 이해가 안 되면 앞의 내용들을 참고하면 된다.

(1) 주요 손익계산서 주요항목
- 매출
- 매출원가
- 매출이익
- 비용(변동비)
- 비동(고정비)
- 영업이익
- 영업외 수익
- 영업외 비용
- 경상이익

(2) 손익계산서 산출 방식
- 매출이익 = 매출 - 매출원가
- 영업이익 = 매출이익 - 비용
- 경상이익 = 영업이익 + 영업외 수익 - 영업 외 비용

(3) 손익계산서 샘플

구 분		1월(Jan)	2월(Feb)
판매(Sales)	부품(Parts)	595,497,614	412,203,428
	공임(Labor)	74,993,390	64,361,318
	소계(Sub total)	670,491,004	476,564,746
부품원가(Parts Cost)		526,920,560	361,028,679
영업이익(Sales Profit)		143,570,444	115,536,067
비용(Expenses)		172,279,914	163,570,340
영업 외 비용 및 수익(Other expenses/in)		66,966,967	282,000
경상이익(Operation Profit)		38,257,497	47,752,273

△ 손익계산서 샘플(1) : 간단한 형태

	전월대비				계획대비		
	11월	10월	증감	차이내역	실적	계획	증감
매출액	403,427	286,570	116,857		403,427	295,073	108,354
상품	148,948	78,802	70,146		148,948	45,000	103,948
용역	248,841	192,823	56,018		248,841	250,073	(1,232)
기타	5,638	14,945	(9,307)		5,638		5,638
매출원가	298,136	222,486	75,650		298,136	197,540	100,596
매출이익	105,291	64,085	41,206		105,291	97,533	7,758
매출이익률	26.1%	22.4%			26.1%	33.1%	
일반관리계	106,552	108,857	(2,305)		106,552	90,297	16,255
변동비	5,973	7,171	(1,198)		5,973	2,708	3,265
OT수당	2,163	2,951	(788)	연장근무증가	2,163	337	1,826
광고비	75	379	(304)		75	0	75
판촉비	0	0	0		0	0	0
카드수수료	1,817	1,345	472		1,817	1,770	46
판매수수료	0	0	0		0	0	0
운반비	1,918	2,496	(578)		1,918	600	1,318
공헌이익	99,318	56,914	42,405		99,318	94,826	4,493
공헌이익률	24.6%	19.9%			24.6%	32.1%	
고정비	100,580	101,686	(1,107)		100,580	87,589	12,990
인건비	41,784	39,197	2,587	인턴2명 정규직전환	47,784	46,727	(4,943)
차량유지비	14,722	14,429	293	주차비 증가	14,722	6,500	8,222
지급수수료	19,202	19,260	(58)	차량렌트비 증가	19,202	1,845	17,357
임차료	4,230	4,230	0		4,230	4,357	(127)
리스료	5,816	5,622	194		5,816	6,660	(844)
수도광열비	596	559	37		596	500	96
감가상각비	3,548	3,548	0		3,548	3,825	(278)
기타(고정)	3,000	3,231	(231)		3,000	5,678	(2,678)
기타(변동)	7,681	11,609	(3,928)	접대비,교육비감소	7,681	11,496	(3,815)
영업이익	-1,261	-44773	43,512		-1,261	7,236	(8,498)
영업이익률	-0.3%	-15.6%			-0.3%	2.5%	
영업외손익	-1,226	2	(1,228)		-1,226	-792	(434)
경상이익	-2,487	-44771	42,284		-2,487	6,445	(8,932)
경상이익률	-0.6%	-15.6%			-0.06%	2.2%	

△ 손익계산서 샘플(2) : 세부내역 일부 포함

추정 손익 계산서

[단위 : 백만원]

과목	년 도		
	20 년 월	추정 20 년 월	추정 20 년 월
매 출 액			
매 출 원 가			
감 가 상 각 비			
기 타 경 비			
매 출 총 이 익			
판 매 비 와 관 리 비			
감 가 상 각 비			
무 형 자 산 상 각			
기 타 판 매 관 리 비			
(퇴 직 급 여)			
영 업 이 익			
영 업 외 수 익			
이 자 수 익			
기 타 영 업 외 수 익			
영 업 외 비 용			
이 자 비 용			
기 타 영 업 외 비 용			
경 상 이 익			
특 별 이 익			
특 별 손 실			
법인세비용 차감전 순이익			
법 인 세 비 용			
당 시 순 이 익			

△ 손익계산서 샘플(3) : 표준

2. 대차 대조표 (Balance Sheet)

앞에서 설명 되어진 손익계산서가 일정기간 동안의 경영결과 라고 하면 대차 대조표는 일정 시점에서의 재산의 상태를 나타내는 것이다.

기간의 개념이 아니라 시점의 개념이라는 뜻이다.

자동차 정비부서나 부품부서에서 대차대조표와 연관된 것이 있다면 자산과 관련된 것이 있다. 회사의 자산은 유동자산이든 고정자산이든 대차대조표에 표시하게 되어 있으며 이러한 자산은 구입시 한꺼번에 많은 돈을 지불해야 함에 따라 일시에 비용을 처리하게 되면 해당 월에 대한 경상이익은 상대적으로 안 좋기 때문에 회계상으로 일정기간을 정하고 일정금액을 균등하게 나누어 비용처리를 하는데, 이러한 행위를 감가상각이라고 하고 이때 발생하는 감가 상각비는 손익계산서상에 표시게 된다.

(1) 주요 대차대조표 주요항목
- 자산
- 부채
- 자본
- 유동자산
- 고정자산
- 유동부채
- 고정부채
- 이익

(2) 대차대조표 산출 방식
- 총자산 = 유동자산 + 고정자산
- 총자본 = 유동부채 + 고정부채 + 자기자본 + 이익
- 총자산 = 총자본

필자는 자동차 서비스 경영현장에서 약 25여 년 간 근무를 하였지만 업무 중에 필요에 의해서 근무하는 회사의 대차대조표를 찾아서 본 적은 없다. 다만, 개인적으로 대차대조표에 기재된 용어의 이해와 전반적인 경영에 대한 이해를 돕기 위해서 학습을 하고 이해한 것이다.

여기서는 표준 대차대조표를 소개하는 정도로 하고 개별적으로 필요한 경우에 추가적인 학습은 개인적으로 하도록 하자.

재 무 상 태 표

(대차대조표)

제×기 20××년 ×월 ×일 현재

제×기 20××년 ×월 ×일 현재

기업명   [단위: 원]

과　　　　목	당　기	전　기
자　산		
유동자산	×××	×××
당좌자산	×××	×××
현금 및 현금성 자산	×××	×××
단기투자자산	×××	×××
매출채권	×××	×××
선급비용	×××	×××
어연법인세자산	×××	×××
***	×××	×××
재고자산	×××	×××
제품	×××	×××
재공품	×××	×××
원재료	×××	×××
***	×××	×××
비유동자산	×××	×××
투자자산	×××	×××
투자부동산	×××	×××
장기투자증권	×××	×××
지분법적용투자주식	×××	×××
***	×××	×××
유형자산	×××	×××
토지	×××	×××
설비자산	×××	×××
(−)감사상각누계액	(×××)	(×××)
건설중인자산	×××	×××
***	×××	×××
무형자산	×××	×××
영업권	×××	×××
산업재산권	×××	×××
개발비	×××	×××
***	×××	×××
기타 비유동자산	×××	×××
어연법인세자산	×××	×××
***	×××	×××
자산 총계	×××	×××

과목	당기	전기
부 채		
유동부채	×××	×××
단기차입금	×××	×××
매입채무	×××	×××
당기법인세부채	×××	×××
미지급비용	×××	×××
이연법인세부채	×××	×××
***	×××	×××
비유동부채	×××	×××
사채	×××	×××
신주인수권부사채	×××	×××
전환사채	×××	×××
장기차입금	×××	×××
퇴직급여충당부채	×××	×××
장기제품보증충당부채	×××	×××
이연법인세부채	×××	×××
***	×××	×××
부채 총계	×××	×××
자 본		
자본금	×××	×××
보통주자본금	×××	×××
우선주자본금	×××	×××
자본잉여금	×××	×××
주식발행초과금	×××	×××
***	×××	×××
자본조정	×××	×××
자기주식	×××	×××
***	×××	×××
기타 포괄손익누계액	×××	×××
매도가능증권평가손익	×××	×××
해외사업환산손익	×××	×××
현금흐름위험회피	×××	×××
파생상품평가손액	×××	×××
***	×××	×××
이익잉여금(또는 결손금)	×××	×××
법정적립금	×××	×××
임의적립금	×××	×××
미처분이익잉여금 (또는 미처리결손금)	×××	×××
자본 총계	×××	×××
부채 및 자본 총계	×××	×××

▲ 대차대조표 샘플

[나의 실행계획] 개인의 손익계산서를 만들어보자

Action Plan

CHAPTER 05
영업판매 관리지수 15가지

이것만이라도 꼭 알아두자 !!

1 영업사원당 연간 환산된 판매대수 = $\dfrac{\text{연간 환산된 판매 대수}}{\text{영업 직원수}}$

2 차량 재고 회전율 = $\dfrac{\text{연간 환산된 중고차 판매 대수}}{\text{재고 보관중인 중고차 대수}}$

3 대당 재정비 비용 = $\dfrac{\text{재정비 비용}}{\text{판매된 중고차 대수}}$

# 차량판매 기본 개념

모든 것은 차량판매에서부터 시작

86 전형적인 차량판매 영업부서 구조

차량판매 영업부서의 손익계산서 구조도는 앞에서 설명한 서비스 부서와 부품 부서와 비슷한 구조를 가지며 그 내용은 아래와 같다.

① 차량 판매 또는 매출

② 차량 원가

③ 차량 매출 이익 — 차량매출 – 차량원가

④ 추가 매출 — 금융, 보험, 보증, 액세서리 판매

⑤ 추가 매출 원가

⑥ 차량 판매 총매출이익 — 차량판매 매출이익 + (추가매출 – 추가원가)

⑦ 차량 판매 비용 — **차량 판매 관련**
(변동비 + 고정비)

⑧ 차량 판매 영업이익 — 차량 판매 매출이익 – 차량 판매 비용

87 판매된 차량 대당 광고비
Advertising Cost per Unit Sold

이 관리지수는 차량 판매 대수당 투입된 광고 투자액을 파악할 수 있게 한다. 다만 광고의 효과성을 판단하는 수치는 아니다.

정 의   총 광고비를 판매대수로 나누어 대당 광고비를 산출한다.

산출식 $\dfrac{\text{광고비}}{\text{판매대수}}$

권장수치   별도의 회사기준에 따른다.

사례 1

서울사업소의 차량 판매 대수는 100대이며 광고비는 20,000,000원인 경우에 대당 광고비는 얼마인가?

풀이   □ 대당 광고비 = 광고비 / 판매대수
               = 20,000,000원 / 100대
               = 200,000원 / 대

[정답] 200,000원 / 대

 성공하는 서비스관리자가 되기 위한 꿀팁!

대당 광고비를 평가할 때는 판매대수를 소매 매출만 집계하는 것이 일반적이며 신차와 중고차를 구분하여 산출해서 평가하는 것이 정확한 판단을 위한 기초 자료가 된다.

88 영업수수료율 Sales Commissions %

이 관리지수는 영업팀에 지급되는 영업수수료의 평균 금액을 산출한다. 영업수수료가 판매대수당 으로 계산되거나 총매출 대비하여 계산되면 좀 더 객관성을 갖게 된다. 단순히 총매출을 대비하여 산출하게 되는 경우에 손실률이나 인센티브 등이 영향을 주게 됨으로 총이익 대비 비율로 나타내기도 한다.

정 의   총 매출액이나 총이익 대비하여 영업수수료는 산출한다.

산출식

① 매출액 대비 영업수수료 = $\dfrac{영업수수료}{매출액} \times 100$

② 총이익 대비 영업수수료 = $\dfrac{영업수수료}{총이익} \times 100$

권장수치   별도의 회사기준에 따른다.

 Tip 용어해설
- 대당 영업수수료 = 총 영업수수료 / 판매대수

사례 1

서울사업소는 3월에 총 100대를 판매하고 총매출 10,000,000,000원, 영업수수료를 250,000,000원을 받았을 경우에 대당 영업수수료 및 매출대비 영업 수수료율은 얼마인가?

풀이
- 대당 영업수수료 = 영업수수료 / 판매대수
  = 250,000,000원 / 100대 = 2,500,000원 / 대
- 매출대비 영업 수수료율 = 영업수수료 / 총매출 × 100
  = 250,000,000원 / 10,000,000,000원 × 100
  = 2.5%

[정답] 2,500,000원 / 대 (대당 영업수수료)
2.5%(영업수수료율)

89 금융 프로그램 보급률 Finance Penetration

이 관리지수는 법인판매를 제외한 소매판매에 한정하여 산출해야 하며 신차인 경우에는 판매 프로모션에 따라 큰 영향을 받음으로 신차와 중고차는 구분하여 계산 되어져야 한다.

정 의	전체 판매된 차량 대비하여 금융 프로그램으로 판매된 차량을 산출한다.
산출식	$\dfrac{\text{금융 프로그램으로 판매된 차량}}{\text{전체 판매된 차량}} \times 100$
권장수치	> 30

사례 1

서울사업소는 3월에 총 100대를 판매하고 이중 금융프로그램으로 판매한 차량은 50대인 경우에 금융 프로그램 보급률은 얼마인가?

풀이 □ 금융 프로그램 보급률
 = 금융프로그램으로 판매된 차량 / 전체 판매된 차량 × 100
 = 50대 / 100대 × 100 = 50%

[정답] 50%

대당 금융 프로그램 수입 수수료
Finance Commission per Unit

이 관리지수는 법인판매를 제외한 소매판매에 한정하여 산출해야 하며 신차인 경우에는 판매 프로모션에 따라 큰 영향을 받음으로 신차와 중고차는 구분하여 계산 되어져야 한다.

정 의 대당 금융 수수료를 산출한다.

산출식 $\dfrac{\text{금융 수수료}}{\text{금융 프로그램으로 판매된 차량대수}} \times 100$

권장수치 별도의 회사기준에 따른다.

사례 1

서울사업소는 3월에 총 100대를 판매하고 이중 금융프로그램으로 판매한 차량은 50대이며 이때 금융수수료는 50,000,000원이다. 대당 금율 프로그램 수입수수료는 얼마인가?

풀이
□ 대당 금융 프로그램 수입수수료
= 금융 수수료 / 금융프로그램으로 판매된 차량
= 50,000,000원 / 50대
= 1,000,000원 / 대

[정답] 1,000,000원 / 대

Notes

S 신차 판매

영업사원은 판매대수가 계급

5월 판매왕

판매현황표

영업사원당 연간 판매대수

김○○ 조○○ 이○○

다음에는 꼭 목표를 달성해서 보너스를 받아야지!

91 연간 환산된 판매대수 Annualized Sales

이 관리지수는 연간 판매될 차량대수를 예상하는 것이다.

물론 월별 판매대수는 여러 가지 환경요인에 따라서 달라질 수 있지만 여기서는 단순히 숫자상으로 평균치를 활용하기 때문에 실제 대수와 차이가 발생하는 위험은 있으나 단순히 예상치를 파악하기에는 유용하다.

정 의	차량 연간 판매 예상대수를 산출한다.
산출식	$\dfrac{\text{차량판매 누적대수}}{\text{경과 개월 수}} \times 12$
권장수치	별도의 회사기준에 따른다.

사례 1

> 서울사업소는 9월까지 총 900대를 판매한 경우에 연말까지 총 예상 판매누계를 산출하여라.
>
> **풀이**
> □ 연말 판매누계 대수 = 차량 판매 누적대수 / 경과 개월 수 × 12
> = 900대 / 9개월 × 12개월
> = 1,200대
>
> [정답] 1,200대

92 영업사원당 연간 환산된 판매대수
Annualized Sales per Salesman

이 관리지수는 영업 사원 별로 연간 판매대수를 예상할 수 있으며 지점간 비교할 때 유용한 관리지수로 활용된다.

정 의 영업사원당 판매할 연간 판매 예상대수를 산출한다.

산출식 $$\frac{\text{연간 환산된 판매 대수}}{\text{영업 직원 수}} \times 100 = \frac{(\text{차량판매 누적대수} / \text{경과 개월 수}) \times 12}{\text{영업 직원 수}}$$

권장수치 별도의 회사기준에 따른다.

사례 1

서울사업소는 9월까지 10명의 영업사원이 총 900대를 판매한 경우에 연말까지 영업사원당 총판매대수는 몇 대인가?

풀이
- 연말 판매누계 대수 = 차량 판매 누적대수/ 경과 개월 수 × 12
  = 900대 / 9개월 × 12개월
  = 1,200대
- 영업사원당 연간 환산된 판매대수
  = 연간 환산된 판매 대수 / 영업직원수
  = 1,200대 / 10명
  = 120대 / 인

[정답] 120대/인

93 평균 판매가 Average Selling Price

이 관리지수는 평균 판매가를 산출하며 신차 또는 중고차 모두 유용한 관리지수이다.

정 의	판매된 차량의 총 판매금액을 대수로 나누어 산출한다.
산출식	판매 대수의 총판매금액 / 판매된 차량 대수
권장수치	별도의 회사기준에 따른다.

사례 1

서울사업소는 9월까지 판매한 900대의 차량 총 금액은 45,000,000,000원인 평균 판매금액은 얼마인가?

풀이   □ 평균 판매가 = 판매 대수의 총 판매금액 / 판매된 차량대수
 = 45,000,000,000원 / 900대
 = 50,000,000원 / 대

[정답] 50,000,000원/대

중고차 대비 신차 판매비율
New : Used Retail %

이 관리지수는 중고차의 판매비율이 항상 신차 판매비율보다 높게 유지되어야 한다는 것을 알 수 있다. 물론 중고차 판매를 사업영업으로 두지 않고 단순히 타 업체에 연계하는 경우도 있지만 전반적인 자동차 판매 사업을 하기 위해서는 중고차 및 신차를 모두 판매해야 하는 것이다.

여기에서 판매대수는 법인판매를 제외한 수치이다.

정 의	중고차 판매 대수 대비하여 신차 판매대수 비율을 산출한다.
산출식	$\dfrac{\text{신차 판매 대수}}{\text{중고차 판매 대수}} \times 100$
권장수치	< 66%

사례 1

서울사업소는 3월에 중고차를 120대 판매하고 신차를 70대 판매하였다면 중고차 대비 신차 판매비율은 얼마인가?

풀이
- 중고차 대시 신차 판매비율 = 신차 판매대수/ 중고차 판매대수 × 100
  = 70 대/ 120대 × 100
  = 58%

[정답] 58%

 ## 목표 달성률 Target %

이 관리지수는 차량판매 대수에 대하여 목표 대비하여 실제 판매대수를 확인하여 제조사 브랜들 별로 정한 일정비율의 금액을 지급하는 것이 일반적이다.

국내 수입차 업계에서는 영업부서의 차량판매 성취율을 딜러보상프로그램과 연계하여 지급하는 경우가 대부분이다.

정 의	목표대수 대비하여 실제 판매대수 비율을 산출한다.
산출식	$\dfrac{\text{실제 판매 대수}}{\text{목표 판매 대수}} \times 100$
권장수치	> 100%

사례 1

서울사업소는 2018년 목표 판매대수는 2,000대이며 실제 판매대수는 2,100대인 경우에 목표 달성률은 얼마인가?

풀이
□ 판매대수 목표 달성률 = 실제판매대수 / 목표판매대수 × 100
　　　　　　　　　　 = 2,100대 / 2,000대 × 100
　　　　　　　　　　 = 105%

[정답] 105%

중고차 판매

중고차 판매왕이 신차 판매왕

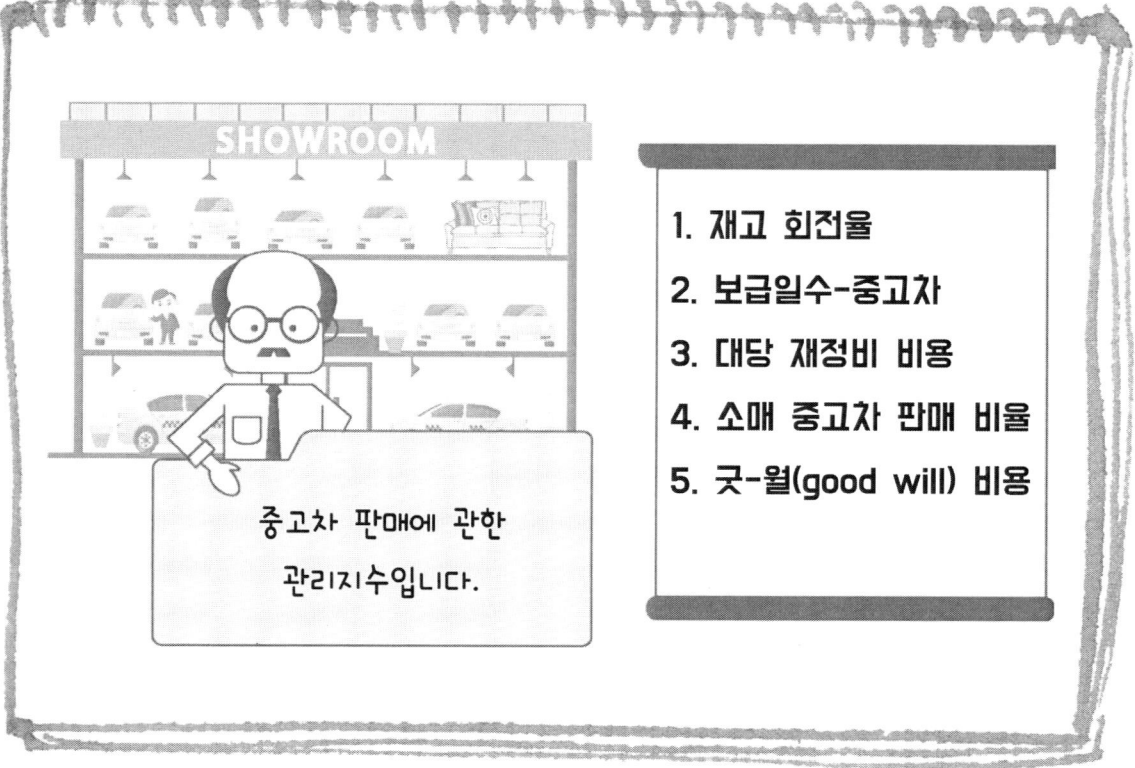

96 재고 회전율 Stock Turn

이 관리지수는 중고차 부서의 운영을 개선하기 위해서 유용하게 활용되며 중고차 재고 회전율은 1년에 중고차 재고를 얼마나 회전시키는지를 보여준다.

정 의 연간 환산된 중고차 판매대수를 현재 재고 보관중인 중고차 대수로 나누어 산출한다.

산출식

$$\frac{\text{연간 환산된 중고차 판매 대수}}{\text{재고 보관중인 중고차 대수}}$$

$$= \frac{(\text{중고차 차량판매 누적대수} / \text{경과 개월 수}) \times 12}{\text{재고 보관중인 중고차 대수}}$$

권장수치 > 연간 8회

사례 1

서울사업소의 연간 환산된 중고차 판매 대수는 5,000대이며 평균 재고 중고차 대수는 500대인 경우에 재고회전율은 얼마인가?

풀이
- 재고회전율 = 연간 환산된 중고차 판매대수 / 재고 보관중인 중고차 대수
  = 5,000대 / 500대
  = 10회전

[정답] 10회전

97 보급일수_중고차 Days Supply

이 관리지수는 '**일별 재고 회전율**'라고도 하며 현재 며칠 정도의 차량재고를 보유하고 있는지를 알려준다.

| 정 의 | 1년 365일을 재고회전율로 나누어 연간 환산된 중고차 판매대수를 현재 재고 보관중인 중고차 대수로 나누어 산출한다. |

산출식

$$\frac{365}{\text{재고 회전율}}$$

$$= \frac{365}{(\text{연간 환산된 중고차 판매대수} / \text{재고 보관중인 중고차 대수})}$$

$$= \frac{365 \times \text{재고 보관중인 중고차 대수}}{\text{연간 환산된 중고차 판매대수}}$$

| 권장수치 | < 45일 |

사례 1

서울사업소의 연간 환산된 중고차 판매 대수는 5,000대이며 평균 재고 중고차 대수는 500대인 경우에 보급일수는 얼마인가?

풀이
- 재고회전율 = 연간 환산된 중고차 판매대수 / 재고 보관중인 중고차 대수
  = 5,000대 / 500대
  = 10회전
- 보급일수 = 365 / 재고 회전율
  = 365 / 10
  = 36.5일

[정답] 36.5일

98 대당 재정비 비용 Reconditioning Cost

이 관리지수는 중고차를 판매하기 위해서 평균적으로 발생하는 비용을 산출하는데 활용된다.

물론 엔진이나 변속기 등 고가의 부품이 발생되는 경우에는 평균 비용보다 많이 발생하는 것이 사실이지만 일반적으로 평균적인 비용을 산출해서 활용하는 것이 중고차를 관리하는데 도움이 된다.

정 의	중고차 재정비 비용을 판매대수로 나누어 산출한다.
산출식	$\dfrac{\text{재정비 비용}}{\text{판매된 중고차 대수}}$
권장수치	별도의 회사기준에 따른다.

- **재정비 비용**: 중고 차량을 판매하기 전에 수리하는 제반 비용을 말함
  [예] 판금 및 도장, 내·외장 광택 및 세차, 타이어 교환 등

사례 1

서울사업소의 전년도 중고차 재정비 비용이 500,000,000원이며 판매 중고차 대수는 1,000대인 경우에 평균 재정비 비용은 얼마인가?

풀이
- 대당 재정비 비용 = 재정비 비용 / 판매된 중고차 대수
  = 500,000,000원 / 1,000대
  = 500,000원 / 대

[정답] 500,000원/대

도매 대비 소매 중고차 판매 비율
Retail : Trade Used %

이 관리지수는 판매된 소매중고차와 도매중고차 간의 관계를 보여준다.

정 의	중고차 소매 판매를 중고차 도매 판매로 나누어 산출한다.
산출식	$\dfrac{\text{소매 판매 중고차 대수}}{\text{도매 판매 중고차 대수}}$
권장수치	별도의 회사기준에 따른다.

Tip - 용어해설
- 소매판매 : 소비자에게 직접 판매
- 도매판매 : 유통업자에게 판매

사례 1

서울사업소의 3월 중고차 소매판매는 200대이며 중고차 도매판매는 150대인 경우에 도매 대비 소매 중고차 판매 비율은 얼마인가?

풀이
  도매 대비 소매 중고차 판매 비율 = 소매 판매 / 도매 판매
                              = 200대 / 150대
                              = 1.3

[정답] 1.3

100 대당 굿-윌 비용 Good will Costs

이 관리지수는 차량 구매고객에게 무상으로 공급하는 비용의 규모를 알려준다. 이 용어는 **정책비용**(Policy Adjustments, Rectification)이라고도 하는데 주로 **굿-윌**이라는 용어로 사용되며 영업부서가 부담해야 하는 비용으로 보증 비용에 섞여서 청구되어서는 안 되며 별도로 관리 되어져야 한다.

정 의	총 굿-윌 비용을 판매 대수로 나누어 평균 비용을 산출한다.
산출식	$\dfrac{\text{총 굿-윌 비용}}{\text{판매대수}}$
권장수치	별도의 회사기준에 따른다.

- 굿-윌(Good will) : 법적으로는 고객에게 무상으로 재화나 용역을 제공할 이유는 없지만 고객에게 회사의 이미지를 높이거나 향후 재판매를 위해서 회사가 비용을 부담하는 것.

사례 1

서울사업소의 연간 총 굿-윌 비용은 300,000,000원이며 총 판매대수는 1,000대인 경우 대당 굿-윌 비용은 얼마인가?

풀이   □ 대당 굿-윌 비용 = 총 굿-윌 비용 / 판매대수
          = 300,000,000원 / 1,000대
          = 300,000원 / 대

[정답] 300,000원/대

족집게 특강 V 서비스 경영계획 작성하기

서비스 경영 관리자라면 매년 꼭 해야 할 일이 있다. 바로 서비스 경영계획을 만드는 것이다. 누가 시켜서 하는 것이 아니라 1년 살림살이를 하기 위해서는 지나간 한 해를 정산하고 새로운 한 해에 대한 계획을 세워야 하는 것은 경영자라면 꼭 해야 하는 과정이다. 물론 실제 카 센터나 정비사업소를 정신없이 운영하다 보면 하루하루 돈이 들어오고 나가는 것에 집중할 수밖에 없고 그러다 보면 한 해가 가는 것도 잊고 새로운 해에 대해서도 별다른 느낌 없이 맞이하곤 한다.

하지만 좀 더 체계적인 운영을 원하고 발전적인 미래를 생각한다면 한 해마다 맺음과 시작을 확실히 해야 하고 만약 잘못된 것이 있었다면 다음 해에는 다시는 실수하지 않고 또한 새로운 한 해에 대한 고민과 더불어 희망을 계획하는 것이 발전적인 미래를 보장받는 지름길이다.

아래의 샘플 수치들은 회사의 규모, 브랜드 및 환경에 따라 다를 수 있으므로 참고하기 바란다.

1. 서비스 경영계획에 포함시켜야 할 내용들

(1) 전년도 실적분석
- 전년 목표대비 실적(매출액, 경상이익)
- 잘한 점, 못한 점

(2) 올해 환경 분석
- 분석(산업, 경쟁자, 내부)
- 시사점

(3) 올해 운영목표
- 매출 및 경상이익 목표 설정
- 전략과제 설정(3가지 정도)
- 월별 손익계획

(4) 올해 인력운영계획

(5) 올해 투자계획

(6) 올해 중점추진과제

(7) 올해 서비스 마케팅 계획

2. 서비스 목표를 산출하는 방법(Top down 방식)

목표를 설정하는 가장 간단한 방법은 최종적으로 성장률을 설정하고 전년도 실적을 기준으로 일괄 적용하는 것이다.

예를 들어 전년도 매출실적이 1억 원이라고 하고 성장률이 120%라고 하면 올해의 목표는 1억 2천만 원이 되며 이를 각 월로 워킹데이(Working day)를 기준으로 배분한다. 이렇게 배부된 각 월의 매출목표는 전년도 부품과 공임의 비율을 적용하여 다시 배분하고 또한 작업유형별 목표도 이러한 방식으로 재 배부한다.

이렇게 설정된 매출 목표와 더불어 비용에 대한 증가 목표치를 적용하여 최종적으로는 경상이익 목표가 설정될 수 있다.

다시 정리해보면

Step1. 전년도 실적확인
- 작업유형별 공임비중 (일반 : 보증 : 쿠폰 : 내부 : 판금)
- 작업유형별 공임대비 부품의 배수 (부품 : 공임)
- 매출이익률
- 월평균 비용
- 월평균 영업 외 수익, 월평균 영업 외 비용

Step 2. 매출목표 성장률 설정 (예 : 120%)
- 전년도 1억 원 × 120% = 1억2천만 원 (올해 목표)

Step 3. 워킹 데이 기준으로 각 월로 배부

[단위 : 천원]

	1월	2월	3월	4월	5월	6월	7월	8월	9월	10월	11월	12월	계
W/D	20	18	22	21	21	21	21	22	19	20	22	22	249
W/D비중	8%	7%	9%	8%	8%	8%	8%	9%	8%	8%	9%	9%	100%
매출목표	9,600	8,700	10,600	10,100	10,100	10,100	10,100	10,100	9,200	9,600	10,600	10,600	120,000

▲ 월별 워킹데이

Step 4. 전년도 부품 : 공임의 비율이 70 : 30이라면 월 목표를 각 비율로 배부

[단위 : 천원]

	1월	2월	3월	4월	5월	6월	7월	8월	9월	10월	11월	12월	계
부품(70%)	6,720	6,090	7,420	7,070	7,070	7,070	7,070	7,420	6,440	6,720	7,420	7,420	8,400
공임(30%)	2,880	2,610	3,180	3,030	3,030	3,030	3,030	3,180	2,760	2,880	3,180	3,180	3,600
소계	9,600	8,700	10,600	10,100	10,100	10,100	10,100	10,100	9,200	9,600	10,600	10,600	120,000

△ 월별 목표

Step 5. 전년도 작업유형별 비율로 배부

- [부품] 일반 : 보증 : 쿠폰 : 내부 : 판금 = 10% : 40% : 10% : 10% : 30%
- [공임] 일반 : 보증 : 쿠폰 : 내부 : 판금 = 20% : 10% : 20% : 20% : 30%

[단위 : 천원]

		1월	2월	3월	4월	5월	6월	7월	8월	9월	10월	11월	12월	계
부품	일반	672	609	742	707	707	707	707	742	644	672	742	742	8,393
	보증	2,688	2,436	2,968	2,828	2,828	2,828	2,828	2,968	2,576	2,688	2,968	2,968	33,572
	쿠폰	672	609	742	707	707	707	707	742	644	672	742	742	8,393
	내부	672	609	742	707	707	707	707	742	644	672	742	742	8,393
	판금	2,016	1,827	2,226	2,121	2,121	2,121	2,121	2,226	1,932	2,016	2,226	2,226	25,179
	소계	6,720	6,090	7,420	7,070	7,070	7,070	7,070	7,420	6,440	6,720	7,420	7,420	83,930
공임	일반	576	522	636	606	606	606	606	636	552	576	636	636	7,194
	보증	288	261	318	303	303	303	303	318	276	288	318	318	3,597
	쿠폰	576	522	636	606	606	606	606	636	552	576	636	636	7,194
	내부	576	522	636	606	606	606	606	636	552	576	636	636	7,194
	판금	864	783	954	909	909	909	909	954	828	864	954	954	10,791
	소계	2,880	2,610	3,180	3,030	3,030	3,030	3,030	3,180	2,760	2,880	3,180	3,180	35,970

△ 작업유형별 목표

Step 6. 매출이익률은 전년도 수치 활용하여 매출이익산출 (예 : 130%)
- 올해 매출목표 × 전년도 매출이익률(130%) = 올해 매출이익

Step 7. 전년도 대비 올해 경비 상승률을 계산 (예 : 110%)
- 전년도 비용 5천만원 × 110% = 55,000,000원

Step 8. 경상이익 목표 산출 (영업외 이익 및 영업외 수익은 전년도 평균치 적용)
- 경상이익 = (매출 × 매출이익률) − 비용 + 영업외 이익 − 영업외 수익

3. 서비스 목표를 산출하는 방법(Bottom up 방식)

필자가 초창기 직장생활을 할 때는 상기의 탑다운(Top down) 방식을 많이 활용하였으나 최근에 수입차들이 국내에 많이 판매됨에 따라 해외의 자동차 제조사들의 정비사업소 운영방법들도 도입됨에 따라 보텀 업(Bottom up) 방식이 일반화 되고 있는 추세이다. 개인적인 소견으로는 본 방식이 좀 더 세밀한 목표치 설정을 통하여 실제 영업활동 추정에 도움이 된다고 본다.

기본적으로 사람(정비사)이 중심이 되고 모든 출발은 정비사 인원 및 역량에서 시작한다고 볼 수 있음으로 합리적인 계산방식이다. 하지만 단점으로는 정비사들의 역량은 있지만 차량이 정비사업소에 입고하지 않으면 모든 경영계획 목표는 수포로 돌아 갈 수 있다.

차량 입고에 대한 문제는 다른 관점의 문제임으로 여기서는 충분한 정비고객 입고가 있다는 전제로 목표를 설정하는 것으로 하자.

Step1. 전년도 실적확인
- 작업유형별 공임비중 (일반 : 보증 : 쿠폰 : 내부 : 판금)
- 작업유형별 공임대비 부품의 배수 (부품 : 공임)
- 매출이익률
- 월평균 비용
- 월평균 영업외 수익, 월평균 영업외 비용

Step2. 인력계획
- 올해 인력충원계획 반영하여 월별 인원수 산정
- 인원충원에 따른 인건비 증가부분은 별도로 해당 월 비용에 추가
- 판매시간 산출시 정비사 및 판금도장 인력 활용

	1월	2월	3월	4월	5월	6월	7월	8월	9월	10월	11월	12월	계
지점장	1	1	1	1	1	1	1	1	1	1	1	1	
어드바이저(정비)	3	3	3	4	4	4	4	4	4	4	4	4	
어드바이저(사고)	2	2	2	2	2	2	3	3	3	3	3	3	
캐 셔	1	1	1	1	1	1	1	1	1	1	1	1	
부 품	3	3	3	3	3	3	4	4	4	4	4	4	
보 증	1	1	1	1	1	1	1	1	1	1	1	1	
컨트롤러	1	1	1	1	1	1	1	1	1	1	1	1	
정비사	13	15	15	15	15	15	15	15	16	16	16	16	
하 체	2	3	3	3	3	3	3	3	3	3	3	3	
판 금	4	4	4	4	4	4	5	5	5	5	5	5	
도 장	4	4	4	4	4	4	5	5	5	5	5	5	
리셉션								1					
소 계	35	38	38	39	39	39	43	43	44	44	44	44	

▲ 인력계획

Step3. 워킹 데이 산출
- 실제 일하는 날수를 월별로 산출 (휴일 및 국경일 제외)

	1월	2월	3월	4월	5월	6월	7월	8월	9월	10월	11월	12월	계
Working day	20	18	22	21	21	21	21	22	19	20	22	22	249

△ 워킹데이

Step4. 근무가능시간 산출
- 정비사 인원수 × 8시간 × 월별 워킹데이
- 판금도장 인력은 포함하여 계산할 수도 있고 별도기준으로 계산할 수도 있는데, 여기서는 포함하지 않고 별도 기준으로 산정

	1월	2월	3월	4월	5월	6월	7월	8월	9월	10월	11월	12월	계
근무시간	2,080	2,160	2,640	2,520	2,520	2,520	2,520	2,640	2,432	2,560	2,816	2,816	30,224

△ 근무가능시간

Step5. 판매가능시간 산출
- 근무가능시간 × 생산성 × 상향치(예:110%)

	1월	2월	3월	4월	5월	6월	7월	8월	9월	10월	11월	12월	계
근무시간	2,080	2,160	2,640	2,520	2,520	2,520	2,520	2,640	2,432	2,560	2,816	2,816	30,224
생산성	67%	60%	6%	60%	60%	67%	57%	57%	67%	60%	67%	67%	62%
판매시간	1,385	1,295	1,582	1,510	1,510	1,678	1,435	1,503	1,620	1,534	1,875	1,875	18,805

△ 판매가능시간

Step6. 작업유형별 판매시간 산출
- 판매가능시간 × 작업유형별 비중

	1월	2월	3월	4월	5월	6월	7월	8월	9월	10월	11월	12월
일반	35%	35%	35%	35%	35%	35%	35%	35%	35%	35%	35%	35%
보증	35%	35%	35%	35%	35%	35%	35%	35%	35%	35%	35%	35%
쿠폰	25%	25%	25%	25%	25%	25%	25%	25%	25%	25%	25%	25%
내부	5%	5%	5%	5%	5%	5%	5%	5%	5%	5%	5%	5%
소계	100%	100%	100%	100%	100%	100%	100%	100%	100%	100%	100%	100%

△ 작업유형별 공임비중

Step7. 작업유형별 공임목표 산출
- 작업유형별 판매시간 × 작업유형별 시간당 공임
- 일반적으로 보증 시간당 공임은 일반의 90% 수준

	시간당 공임
일반	70,000
보증	55,000
쿠폰	36,000
내부	70,000
판금	50,000

▲ 시간당 공임

Step8. 작업유형별 부품매출목표 산출
- 작업유형별 공임 목표 × 작업유형별 부품계수

	부품계수
일반	4.0
보증	5.2
쿠폰	5.2
내부	4.5
판금	3.7

▲ 부품계수

Step9. 매출이익 산출(예 : 130%)
- 올해 매출목표 × 전년도 매출 이익률(130%) = 올해 매출이익

Step10. 경비 목표산출(예 : 110%)
- 전년도 비용 5천만원 × 110% = 55,000,000원

Step11. 경상이익 목표 산출
- 경상이익 = (매출 × 매출이익률) − 비용 + 영업 외 이익 − 영업 외 수익

[나의 실행계획] 내년 서비스 경영계획을 만들어보자

Action Plan

Reference Data

별 첨

주요 내용

1. 서비스관리자 체크리스트(일간, 주간, 월간)
2. 정비사업소 직무의 정의

※ 브랜드 및 공장 규모에 따라 달라질 수 있다.

정비사업소 담당자별 체크리스트 (1)

(일간/주간/월간)

담당	직무	주 업무	년	반기	분기	월	주	일	수시
지점장	매출관리	지점매출관리						○	
	근태관리	직원근태현황 관리						○	
	직원관리	채용, 이직관리							○
	청구 및 입금관리	각종 청구 및 입금 관리				○			○
	미수관리	각종 미수금 관리				○			○
	시설 및 자산관리	서비스센터 시설 유지 및 보수관리				○			○
	JLRK업무관리	RAM 및 관련 counter partner와의 업무							○
	협력업체 관리	매출증대를 위한 협력업체와의 관계 형성				○			○
정비어드바이저	고객관리	고객예약관리					○	○	○
	입출고 차량관리	입출고관리						○	○
	직원관리	일반 및 보험어드바이저, 캐쉬어, 리셉션 관리						○	○
	로너카 관리	로너카 사용현환 관리				○		○	○
보험어드바이저	입출고 차량관리	사고차 입출고 관리						○	○
	정산(미수)관리	보험사 미수금 관리			○	○	○		
보증담당	보증담당자	보증작업 관리						○	○
	시스템관리	정비시스템							○
	정산관리	보증 claim & reimbursement관리(건 & 금액)				○			
	미수관리	보증청구 미수(단기/장기)관리				○	○	○	
	지원금 관리	로너카 지원금 claim & reimbursement				○			
		딜러 goodwill 청구 및 입금관리				○			
	자산관리	고품실 및(scrap용) 부품관리		○	○	○	○		
수납	정산관리	월별 쿠폰정산 청구 및 입금 확인				○			
		입출납 관리(시제)						○	○

※ 브랜드 및 공장규모에 따라 달라질 수 있다.

정비사업소 담당자별 체크리스트 (2)

(일간/주간/월간)

담당	직무	주 업무	업무주기						
			년	반기	분기	월	주	일	수시
부품	재고관리	부품 입/출고 현황 파악						○	
		부품재고 관리	○	○	○	○			
	시설관리	1~3층 및 부품사무실 관리							
	정산관리	부품소매 대리점 관리(입금현황 등의 미수)						○	
포맨	자산관리	개인공구 관리(구입 % 망실 수량 파악)				○			
		진단기, Special Tool 및 각종 장비 관리						○	○
	차량관리	차량 입출고 현황 관리(현장 회전율)						○	
		테크니션 교육관리						○	
	현장관리	소모품 관리(첨가제, 장갑류 등)					○		
		폐기물 관리(폐유, 폐타이어 등)					○	○	
정비사	차량정비	개인공구 관리(구입 & 망실 수량 파악)							○
		진단기, Special Tool 및 각종 장비 관리							○
	시스템관리	차량 진단 및 정비							○
판금사	현장관리	판도장에 필요한 소모품 관리					○		
		사고차 입출고 관리						○	
	시설관리	폐기물 관리(고철)					○	○	
		폐수처리시설 관리					○		
도장사	자산 및 재고관리	페인트 수량 및 재고 관리					○	○	
	시설관리	부스(샌딩 & 페인트) 관리(예: 필터주기)				○			
		컴프레셔 실 관리						○	
		환경시설 및 유해물질 관리(air duct 등)	○		○	○			
리셉션니스트	고객응대	전화 상담관리							○
		방문고객응대서비스							○
	업무지원	서비스 업무보조							○

※ 브랜드 및 공장규모에 따라 달라질 수 있다.

정비사업소 직무
서비스 본부장

1. 직무 개요

서비스 본부의 운영을 총괄 관리하며 운영개선 방안을 결정하고, 서비스 사업계획/마케팅계획, 규정/표준, 외주 계약, 구매요청, 부품 매입 및 상품 수불, 굿윌(Goodwill) 처리, 일 마감에 대한 보고 내용을 검토하고 승인하며, 서비스 매니저(Service Manager, 서비스 지점장)에 의해 처리되지 않는 고객불만을 처리한다.

2. 직무 내용

직무 내용(과업)	직무수행절차 및 방법
검토 및 승인	• 서비스 사업 계획 승인 • 서비스 마케팅 계획 승인 • 서비스 규정 및 표준에 대한 승인 • 외주 계약 승인 • 재고실사 결과 반영 품의 승인 • 불용재고 처리방안 품의 승인 • 소모품/공구 구매요청 승인 (전결권에 따름) • 대차 승인 • 일 마감 승인 • 워런티(Warranty) 청구 내역 및 임포터 요청 내역 승인 • DMS 청구 자료 승인 • 부품 매입 정산 승인 • 부품 상품 수불 승인 • 굿윌(Good Will) 처리 승인
고객 불만 처리	• 고객 불만/클레임 처리 (Goodwill 처리 한도 내) • 미 해결 건 처리를 위한 대표자에게 품의 요청 • 불만방지 협의체 (C/S Committee) 참석 • 서비스 불만방지 방안 승인
서비스 운영관리	• 서비스 팀 운영 총괄 관리 • 서비스 운영 개선방안 결정 • 서비스 마케팅 결과 검토 및 개선 방안 결정 • 서비스 규정 및 표준에 대한 신규 수립 및 개편 지시
대외업무회의	필요 시 기술 회의 참석

> 정비사업소 직무

서비스 매니저 (SM : Service Manager, 서비스지점장)

1 직무 개요

각 서비스 지점의 운영 및 성과 관리를 수행하며, 센터 운영을 위한 업무 역할별 담당자를 지정하고, 예약 정비제 운영 현황을 모니터링하여 서비스 예약에 대한 목표를 설정하고, 실무자들을 통해 접수된 고객 불만을 처리하며 대차, 일 마감, 부품 매입 정산, 부품 상품수불, 굿윌(Goodwill) 처리에 대한 검토 및 승인을 수행한다.

2 직무 내용

직무 내용(과업)	직무수행절차 및 방법
운영 관리	• 서비스 지점별 목표 설정 및 협의 • 서비스 지점 운영 성과 관리 • 서비스 지점 직원 R&R 조정 • 서비스 지점 월간 회의 주최 • 기술향상을 위한 하이테크 위원회(High-Tech Committee) 운영
고객 불만 처리	• 고객 불만/클레임 처리 (보증 처리 한도 내) • 미 해결 건에 대한 서비스팀장 보고 및 처리 요청 • 임포터에 불만 처리 협의 및 공문 발송 (기술 문의)
검토 및 승인	• 대차 승인 • 서비스 일마감 승인 • 부품 매입 정산 승인 • 부품 상품 수불 승인 • 굿윌(Good Will) 처리 승인 • 재고실사 결과 반영 품의 승인 • 불용재고 처리방안 품의 승인
대외 업무 회의	• 임포터 기술 문의 • 기술 회의 참석 (임포터)

정비사업소 직무
서비스 기획원

1 직무 개요

서비스 본부장을 보좌하여 서비스 본부 전체의 사업 계획, 마케팅 계획, 규정 및 표준을 수립하고, 각 서비스 지점별 목표 합의를 통한 서비스 팀 목표를 설정 보고하며, 그 실행 결과를 모니터링하고 성과 및 문제점을 분석 보고하며, 서비스 외주 계약 관리를 수행한다.

2 직무 내용

직무 내용(과업)	직무수행절차 및 방법
서비스 운영	• 서비스 지점별 사업목표 협의 • 서비스 팀 사업목표 수립 • 서비스 팀 운영 계획 수립 • 서비스 팀 운영 실적 분석 및 평가 보고 • 서비스 팀 운영 문제점 및 개선방안 도출 • 서비스 팀 규정 및 표준 수립
서비스 마케팅 관리	• 서비스 팀 마케팅 계획 수립 • 서비스 팀 마케팅 실행 주관 • 서비스 팀 마케팅 실행 성과 측정 및 분석 • 서비스 팀 마케팅 개선 방안 도출
서비스 행정	• 서비스 외주 계약 관리

정비사업소 직무

서비스 어드민 (Service Administrator)

1 직무 개요

서비스 매니저(Service Manager)를 보좌하여 각 서비스 지점 내의 일반 행정 업무 및 딜러시스템(DMS) 및 워런티(Warranty) 정산용 청구 자료를 작성 보고하며, 각 센터의 매입/매출 마감, 굿윌(Goodwill) 처리, 외주 정산 청구 자료, 채권 관리, 비용 처리 등의 업무를 수행한다.

2 직무 내용

직무 내용(과업)	직무수행절차 및 방법
서비스 행정	• 워런티(Warranty) 정산 청구 서류 작성 및 승인 요청 • 딜러시스템(DMS) 정산 청구 서류 작성 및 승인 요청 • 워런티(Warranty/DMS) 청구 후 임포터 승인(Return/Reject) 건에 대한 확인(Follow-Up) • 서비스 소모품/공구 구매 요청 품의 작성 및 승인 요청 • 굿윌(Good Will) 처리 품의서 작성 및 승인 요청 • 일 마감 검토 및 승인 요청 • 매입/매출 데이터 확인(Check) • 서비스 비용 처리 • 서비스 채권 관리

정비사업소 직무

서비스 어드바이저 (Service Advisor, SA)

1 직무 개요

각 정비 센터의 고객 접점에 위치하여 서비스 안내, 고객 상담, 예약 안내 및 접수에 대한 책임을 지며, 서비스 요청 고객 접수 시 차량의 문제 진단 및 이를 통한 정비 작업 지시를 발행하고, 부품 조달을 위한 부품 요청을 수행하며, 정비 상황에 대한 각종 고객의 문의에 대응하고, 보험사 및 외주 업체를 접촉하여 관련 업무를 수행하며, 서비스 출고 고객에 대해 작업 안내를 수행하고 출고 고객에 대한 해피콜을 수행하고 각종 고객불만에 대해 상담하며 결과를 시스템에 입력·보고한다.

2 직무 내용

직무 내용(과업)	직무수행절차 및 방법
서비스 예약	• 서비스 예약 접수 및 등록 • 필요 시 선수금 안내 및 수납 요청 • 예약 부품 요청 발송
서비스 접수	• 고객 응대 및 정비 이력 점검 • 입고 차량 진단 및 작업 유형 판단 • 고객 요청 시 견적 산출 • 각종 보험 접수 처리 및 Follow-Up • 순수 부품 구매 고객 응대 및 처리
서비스 작업 지시서 작성	• 예상 비용 및 일정 안내 및 작업 지시서 작성 • 고객 요구 사항 외 추가 작업 식별/추천 • 외주 수리 필요 여부 판단 및 접수 요청 • 콘트롤러(Controller)에게 접수 요청
수리 및 점검	• 정비 작업 지연 시 고객과 협의 • 서비스 변경 정보(일정, 비용) 고객 안내
품질관리 (End Control, QC)	• 콘트롤러(Controller) 품질 검사 여부 확인 • 작업 완성도 및 차량 청결도 검사 (외주수리 포함) • 고객에게 작업종료 안내
서비스 출고	• 서비스 거래 명세서 발행 • 작업 내용 및 결과를 고객에게 설명 • 차기 유지보수 및 수납안내
해피콜	• 해피콜 수행 및 결과의 시스템 입력
고객 상담	• 고객 불만 상담 및 미해결 불만 보고 • 출장 서비스 상담 • 일반 상담 (내방문의, 정비견적, 부품 조회 및 견적, 　　　　　차량 기술적 문제, 긴급출동 요청, 기타)
대차 서비스	• 대차 여부 판단 및 차량 사용 승인 요청 • 대차 사고차량에 대한 보고 • 대차 관련 고객 문의 대응

정비사업소 직무

수 납(Cashier)

1 직무 개요

고객으로부터 정비/부품 거래 비용을 수납하고 시스템 입력을 수행하며, 서비스 예약 고객에 대한 확인 안내 전화를 하며, 서비스 어드바이저(SA) 부재 시 고객 상담 업무를 보조하며, 서비스 출고 고객에 대한 고객만족도 조사 및 시스템 입력을 수행한다.

2 직무 내용

직무 내용(과업)	직무수행절차 및 방법
서비스 예약/접수	• 서비스 예약 준수 여부 대고객 확인 및 기록 • 서비스 어드바이저(SA) 고객 상담 보조
서비스 출고	• 차량 키의 보관 • 수납 및 수납 내역 입력 • 수납된 현금, 카드영수증의 판매회계 전달 • 수납된 쿠폰의 정비서기 전달 • 필요 시 세금계산서 발행 • 서비스 출고 고객 만족도 조사

정비사업소 직무

포맨 (Foreman, 공장장)

1 직무 개요

정비동 내의 작업 관리자로서, 정비사 운영 계획을 수립하며, 예약 현황에 따른 정비 작업 계획을 작성하고, 서비스어드바이저(SA) 및 정비 작업자 사이의 소통채널(Communication Channel)의 역할을 수행하여 작업의 배치 및 작업 종료 시간을 지시하며 작업 진행 상황을 모니터링하며 작업 후 정비 품질 검사에 대한 책임을 진다.

2 직무 내용

직무 내용(과업)	직무수행절차 및 방법
서비스 예약	• 테크니션 운영 계획 수립 • 예약 현황에 따른 일간 작업 계획 수립
서비스 접수	• 당일 접수 건에 따른 작업 스케줄 조정
작업 지시서 작성	• 작업지시서 접수 및 차량 이동
수리 및 점검	• 차량 작업 베이 입고 • 작업 지시서 배치 및 작업 시간 지정 • 작업 변경 내역 SA 에게 통보 • 작업 시간 재지정 및 작업 지시서 테크니션에게 전달
품질관리(QC)	• 품질관리(QC) 및 결과를 시스템에 입력 • 작업 완료 서비스어드바이저(SA)에게 통보 • 차량 출고 이동
출장 서비스	• 서비스 출장 테크니션 지정

정비사업소 직무

테크니션 (Technician)

1 직무 개요

정비 작업을 수행하는 작업자로서, 포맨(Foreman)의 작업 지시에 따라 정비 작업을 수행하며 정비 시작·종료 시간을 시스템에 입력하고, SA의 작업 지시 내역에 대한 정밀 진단을 수행하며 추가적인 작업 필요 여부를 판별하며, 최종 작업 결과에 대한 품질 검사를 수행하고 시스템에 입력하고 필요 시 SA의 대 고객 작업 결과 안내를 보조하고 포맨(Foreman)의 지시에 의해 출장 수리를 수행한다. 또한, 서비스 매니저(Service Manager)의 지시에 의해 시설관리, 공구·소모품 관리 등의 업무를 수행한다.

2 직무 내용

직무 내용(과업)	직무수행절차 및 방법
수리 및 점검	• 작업 시작 시간 입력 • 작업 내역 확인 및 점검 • 필요 부품 불출 요청 및 수령 • 작업 수행 및 추가 문제점 보고 • 작업 종료 시간 입력 • 필요 시 세차
품질관리(QC)	• 작업자 품질 검사 및 입력 • 차량 이동 보조
일반 관리	• 정비동, 공구창고 관리 (시설 안전) • 공구 관리 (재고 조사, 구매 요청) • 소모품 관리 (재고 조사, 구매 요청) • 폐기물 관리 (폐기물 보관함 관리)
출장 서비스	• 출장 서비스 수행

정비사업소 직무

부품 매니저 (Part Manager)

1 직무 개요

　서비스팀의 부품 구매·입고·출고·재고 관리를 수행하는 부품 실무 책임자로서, 서비스 어드바이저(SA) 및 외부 고객의 부품 요청에 대해 재고량을 고려하여 부품 구매 발주를 내며, 부품 조달 시간에 대한 정보를 시스템에 입력하며, 배송된 부품의 하자에 대해 하자 처리 요청을 발송하고, 부품 매입 정산 자료를 작성하고 부품 상품 수불에 대한 마감 활동 및 보고를 수행한다.

2 직무 내용

직무 내용(과업)	직무수행절차 및 방법
부품 구매	• 비균일 주문 통보 및 주문 조정 • 부품 입력 • 부품 주문 접수 처리(긴급, 특별) • 구매 요청서 작성 • 부품 발주 • 부품 매입 정산 서류 작성
부품 입고	• 인보이스(Invoice) 서명 및 배송 • 임포터 협의
부품 재고관리	• 적정 재고량 모니터링 • 불용 재고 모니터링 • 부품 상품 수불 작성 및 승인 요청
부품 출고	• 부품 불출(지시)

정비사업소 직무

부품 담당자 (Part Clerk)

1 직무 개요

부품 매니저(Part Manager)를 보조하는 직무를 수행하며, 구매 부품의 입고 검사를 수행하고 하자를 보고하며 입고 내역에 대해 시스템 입력 작업을 수행하고, 필요 시 재고에 대한 실사를 수행하며 부품 불출 지시에 따라 부품 불출 및 배송 작업을 수행하며, 부품 창고를 정리하고 예약 부품을 예약 랙에 준비하여 둔다.

2 직무 내용

직무 내용(과업)	직무수행절차 및 방법
부품 입고	• 입고 부품 및 인보이스(Invoice) 수령 • 부품 입고 검사 및 하자 부품 보고 • 부품 입고 정보 시스템 입력 • 부품 창고 입고 및 정리
부품 출고	• 부품 불출 준비 • 부품 불출 및 배송 (정비동, 외부 고객)
부품 재고관리	• 예약 부품의 예약 랙 정리 • 부품 재고 실사(1년 4회) 및 결과 보고

> 정비사업소 직무

서비스 긴급출동 담당 (Service Mobile)

1 직무 개요

긴급출동 서비스의 직무를 수행하며 현장 출동시 고객의 마음까지 케어(Care) 할 수 있는 고객만족 마인드(CS Mind)를 가지며 신속한 고장 대처능력을 함양하고 서비스 모바일 카와 출동장비의 관리책임을 진다.

2 직무 내용

직무 내용(과업)	직무수행절차 및 방법
신속 고장대처능력	• 노상에서의 예상가능 고장 대처 교육 • 분기별 고객만족(CS) 교육
출동차량 장비 /긴급용 부품관리	• 진단기 등 차량장비 컨디션 관리 • 필수 긴급용 부품 상시 확보
긴급출동차량관리	• 메인터넌스 주기별 관리 • 분기마다 차량상태(외관/기능)보고

찾아보기

ㄱ
가동률   14
간접인력   95
결품 구매주문   57
경상 이익   27, 68
고객만족도   105
고정부채   134
고정비   24
고정자산 비율   138
고정자산   134
공임 매출이익   27
공임 부서 비용율   24
공임 시간당 부품매출   109
공임 영업이익   31
공임 원가   25
공임 원가율   26
구매 시간   7
굿-월   188
근무시간   5
금융 프로그램 보급률   171
긴급주문   58

ㄴ
내부 매출   38
노동 분배율   156
노동 생산성   155

ㄷ
도매 판매   187

ㅁ
매출 이익   27
매출공헌이익   28
매출액 이익률   144

ㅂ
변동비   24, 136
보급일수   185
부가가치   154
부채   134
부품 가용율   57
부품 마진   68
부품 부서 비용율   66
부품 영업이익   70
부품 원가   67
부품 인원수   75
부품 재고가치   60
부품 재고액   76
부품 재고조정   78
부품 정기 오더율   58
부품 회전율   60

ㅅ
생산성   18
서비스 수익률   104
소매판매   187
손익계산서   158
손익분기점   136
수시주문   58
순자본   135
시간당 공임   38
시간당 공임 회수율   108
실근무시간   6

ㅇ
연간 성과율   21
영업 이익   68
영업수수료율   170
외부 매출   38
외주 마진   29
유동 부채   134, 148
유동 비율   148
유동 자산   134, 148
유휴 시간   9
이자율   137
이자지급전 순이익   142

ㅇ
인건비　25

ㅈ
자본　134
작업시간　8
작업효율　16
잔업시간　100
장기 재고　77
재 수리율　106
재고 회전율　184
재정비 비용　186
정기주문　58
정비사가 근무해야 할 총 시간　20
정비사당 잔업시간　100
정비사당 처리대수　98
정비사당 판매시간　11
정비소모품비　25
정비인원수　11
정상 구매주문　57
직접인력 비율　95
직접인력　95
진행중인 작업　39

ㅊ
차량 총 등록 대수　111
차입금　135
채권 회수기간　110
채권　150
채무　150
채무대비 채권비율　150
총구매 주문수　57
총자본 생산성　157
총자산　134
출근율　20

ㅋ
클라킹 시간　8

ㅌ
투자 수익률　142
투하 자금　135
투하자금 회전율　143

ㅍ
판매시간　10, 16
평균 판매가　178
표준정비시간　38

A-B
Annual performance rate　21
Asset　134
Attendance rate　20
Attended hours　5
Average Selling Price　178
Back order line　57
BEP　136
Bought hours　7
Break Even Point　136

C-F
C.O.F.E　143
Circulation of Funds Employed　143
Clocking hour　8
Current　148
Daily order　58
Days Supply　185
DBP　67
Debtor Creditor　150
Debtor days　110
Delivery order line　57
Direct vs. Indirect　95
Efficiency　16
Emergency order　58
Equity　149
Finance Commission　172
Finance Penetration　171
Fixed Asset　138
Funds Employed　135

G-N
Good will　188
Hourly rate　38
IBP　67
Idle hour　26

Idle Times   9
Indirect   95
Interest   137
Labor costs   26
Labor operation profit   31
Labor Sales profit   27
Labor Time Standard hours   16
margin   68
Net Attended hours   6
Net profit   27, 68

O-P
Obsolete Stock   77
Operation profit   27
Ordinary profit   27, 68
Parts Availability   57
Parts Cost of sales   67
Parts Department Expenses   66
Parts margin   68
Parts operation profit   70
Parts Sales per Labor hour   109
Parts stock   58
Parts Stock Adjustments   78
Parts Stock value   60
Productivity   18

R-S
R.O.I.   142
R.O.S   144
Recovery Labor Rate   108
Return on Investment   142
Return on Sales   144
Rework ratio   106
Return on Sales   31
ROS   31
Sales Commissions   170
Sales profit   27, 68
Service ROS   104
Sold hour   10
Stock order   58

Stock Turn   184
Sublet margin   29

T-W
The number of mechanics   11
Total order line   57
Utilization   14
Vehicle Parc   111
VOR order   58
Work in Progress   39
Worked Hours   8

참고문헌

1. The KPI Book, Jeff Smith
2. 그림으로 배우는 부기 경리, 쿠보 히로마사, 더난 출판사
3. 우리동네 착한 카센타, 김치현, 연두 m&b
4. 국가직무표준(NCS) 정비경영관리 인사관리편, 홍보관리편

4차 정비사업 신성장, 핵심성과지표
자동차서비스 KPI
이래야 산다!

제1판 발 행 | 2018년 6월 12일
제1판2쇄발행 | 2023년 8월 31일

감　　　수 | 한광수
지 은 이 | 김치현
발 행 인 | 김길현
발 행 처 | (주) 골든벨
등　　　록 | 제 1987-000018호
I S B N | 979-11-5806-296-5
가　　　격 | 23,000원

이 책을 만든 사람들

교 정 및 교 열 | 이상호	본 문 디 자 인 | 조경미, 박은경, 권정숙
제 작 진 행 | 최병석	웹 매 니 지 먼 트 | 안재명, 서수진, 김경희
오 프 마 케 팅 | 우병춘, 이대권, 이강연	공 급 관 리 | 오민석, 정복순, 김봉식
회 계 관 리 | 김경아	

㉾04316 서울특별시 용산구 원효로 245(원효로1가 53-1) 골든벨 빌딩 5~6F
● TEL : 영업부 02-713-4135 / 편집부 02-713-7452
● FAX : 02-718-5510　　● http : // www.gbbook.co.kr　　● E-mail : 7134135@ naver.com

이 책에서 내용의 일부 또는 도해를 다음과 같은 행위자들이 사전 승인없이 인용할 경우에는
저작권법 제93조 「손해배상청구권」에 적용 받습니다.
　① 단순히 공부할 목적으로 부분 또는 전체를 복제하여 사용하는 학생 또는 복사업자
　② 공공기관 및 사설교육기관(학원, 인정직업학교), 단체 등에서 영리를 목적으로 복제배포하는 대표, 또는 당해 교육자
　③ 디스크 복사 및 기타 정보 재생 시스템을 이용하여 사용하는 자

※ 파본은 구입하신 서점에서 교환해 드립니다.